BLACK SWAN 黑天鹅图书

为 人 生 提 供 领 跑 世 界 的 力 量

BLACK SWAN

这么说就对了

[日]结城优（Yuki Yu）著

郭宝雯——译　韦轲——绘

中国华侨出版社

图书在版编目（CIP）数据

这么说就对了 /（日）结城优著；郭宝雯译．—北京：中国华侨出版社，2014.8
ISBN 978-7-5113-4859-3

Ⅰ.①这… Ⅱ.①结… ②郭… Ⅲ.①心理语言学－通俗读物 Ⅳ.①B842.5-49

中国版本图书馆CIP数据核字（2014）第222992号

版权登记号 图字01-2014-5727

这么说就对了

著　　者：[日]结城优（Yuki Yu）
译　　者：郭宝雯
绘　　者：韦　轲
出 版 人：方　鸣
责任编辑：落　羽
封面设计：棱角视觉
经　　销：新华书店
开　　本：880mm×1230mm　1/32　　印　张：7　　字　数：150千字
印　　刷：三河市嘉科万达彩色印刷有限公司
版　　次：2014年10月第1版　2014年10月第1次印刷
书　　号：ISBN 978-7-5113-4859-3
定　　价：36.80元

中国华侨出版社　北京市朝阳区静安里26号通成达大厦3层　邮编：100028
法律顾问：陈鹰律师事务所
发 行 部：（010）82068999　传真：（010）82069000
网　　址：www.oveaschin.com
E-mail：oveaschin@sina.com

这么说 就对了

目录
CONTENTS

目录
CONTENTS

作者序

一扫心中的迷雾

"抱歉，那天已早有安排了……"

"对不起，那件事还是先取消好了……"

不论是在工作或恋爱上，因为无法掌握对方的心意而烦恼的人并不少吧。这本书正是要献给为此烦恼的你。

虽然这么说很突兀，但其实我很讨厌读书。

从学生时代起，每当我看到心理学或精神病学的教科书，总是会头痛、肚子痛，甚至开始想家。

举例来说，即使只是解释一种心理学理论，却得用上很难懂的措辞。"换个说法不是比较好懂吗？""换个比喻应该更好，不是吗？"我常常边看书边这么想着，还不止一次两次。

因此本书将完全使用"测验问答形式"，同时以《美味大挑战》《足球小将》等漫画为例，遣词用字力求浅显易懂。请别想得太难，不管怎样，就算是一页也好，也请轻松地翻阅本书。

你应该会发现笼罩你双眼的内心之谜，将如迷雾一扫而空般地渐渐明朗。

要了解他人的心意，得先从改变你自己做起。“竟然不能了解我的心情，真是太过分了。”“大家都好冷漠……”

别怪罪周遭的人，试着稍微鼓起勇气从自己开始行动。

而这一步，远比你所想的简单得多。

首先，请用轻松的心情翻看这本书。

等你读完本书时，聚集在你身边的人应该会比现在多8.5倍。

Lesson 01

缺点反而有利于交涉

变得善于游说的技巧

游说，跑业务。

不论我们推销的是“自己”还是“商品”，这无疑都是一种“表现力”。

碰到以上的情况时，大家会采用什么说法呢？

本章中笔者将传授各位这种情况下最有效的传达技巧！

完美的相亲对象……

那么，请稍微想象一下。

现在你是刚刚超过适婚年龄的女性。

开始感到着急的你，决定要去相亲了。

“欸，对方是怎样的人啊？”

你兴奋地提问，媒人说：

“他头脑聪明，薪水又高，而且还长得很帅！”

咦，那么此时，你是怎么想的呢？

请告诉我你的感想吧。

没有缺点，看起来反而恐怖

那么，你是怎么想的呢？

或许，大部分的人都会认为“一定有什么问题”，不是吗？

你应该会想象对方有种种缺点，例如“个性很差”或是“该不会体臭很严重吧”，甚至怀疑起媒人所提供的资讯，例如“即使说很帅也只是夸大其词吧”，或是“就算领高薪，说不定其实扛了很大的债务”。

那么，如果反过来这么说，又如何呢？

“虽然薪水不太高，但他是个很聪明的人。”

“不能说他绝对长得很帅，可是他的收入很稳定。”

这种情况，或许不会给人坏印象，不是吗？

而且也不会让人怀疑“头脑聪明”或“收入稳定”等媒人所提供的资讯。

就像这样，像本节一开头那样只讲好话的方式叫作“**单面陈述**”（one-sided presentation）。像后者那样好话与坏话都一起说的方式则叫作“**双面俱陈**”（two-sided presentation）。

一般而言，**“双面俱陈”具有较高的说服力**。

这样说明，大家就能理解了吧。

“咦？但我还是觉得一开始那个完美的说法听起来比较好！”

会这么想的人，该学着稍微抱持一点儿疑心比较好吧。

变心是可以“预防”的

也有这么一项实验。

将受试者分为A和B共两组，针对某件议题，只告诉A组正面意见，B组则是在给予许多正面意见之后，才告诉他们一点负面意见。

之后，就只告诉这两组许多负面意见。**一开始先掺杂负面意见的那一组，改变想法的可能性比较低。**

由此可见，事先掺杂轻微的负面资讯，就能对之后发生的重大负面资讯产生免疫，这就是“**预防接种理论**”。

加上“负面资讯”

因此基于这两个理由，如果你在工作上需要传达信息或游说时，**总而言之，事先加上轻微的负面资讯。**

光是这样就能提升可信度，而且发生任何意外状况时，于对方而言，印象也不会恶化太多。

而且在对话中，最后说的话最令人印象深刻，所以先说**“负面资讯”再说“正面资讯”比较好。**

承上所述，请试着照这样说看看：

× “不管发生什么事，我绝对会让你幸福。”

○ **“或许有时候会让你难过，但是，我绝对想要让你幸福。”**

而且一般而言，人是一种听到“对方的话语”就会安心的生物。

不光是表面上的优点、缺点，请试着表达看看你自己心里是怎么想的。

光是正面资讯，令人无法接受
……
头脑聪明，长得又帅，
又挣得多。（只传递优点）
令人怀疑是否有什么缺点呢？
如果日后告知缺点，会一下子破坏印象
不能说他很帅，
可他有很稳定的收入。
（掺杂缺点）
就算日后告知缺点也很难降低评价

具体而言，就像这样：

× “这个商品，既耐用功能又强。”

○ “这个商品，我觉得外表设计有点不好看，但是非常耐用，功能也很好。”

× “我对你的好感是千真万确的。”

○ “虽然连我都觉得自己是个轻浮的家伙，但我对你的好感是千真万确的。”

仅只如此，应该就能大幅改进你的说服技巧。

请务必试试看。

负面资讯能成为疫苗

承上所述，这次的主题总结就是：

一味隐瞒负面资讯，反而可疑！无论如何都要将轻微的负面资讯告诉对方，借此能够避开最差的状况，而且可以松懈对方的警戒心！如果可以的话，更进一步地把负面资讯当作“自己是这么认为”的感想，这样说出来的效果最好！

这正是绝招：**“肮脏的疫苗”**！

你由衷说出的负面资讯，会成为温柔地包覆对方心房的疫苗。

正因为要示好，才要说出缺点

虽然自己是这么想的，像这样事先展现个人主观判断的缺点，就能增加可信度，使人安心。

不要隐藏不安

无论是谁，应该都有感到不安的地方。

如果你很珍惜对方，无论是多小的事也没关系，都要把这份心意传达出去。

仅是如此，双方的心就能愈来愈贴近。

Lesson 02

太过强烈的威胁会造成反效果

那么，问题来了。

心理学者詹尼斯（I. L. Janis）和费希巴赫（S. Feshbach），进行了这样的实验。

他们集合了受试者，并用以下的形式告诉他们“要刷牙”。

①“哎，去刷牙吧。”（不带威胁）

②“因为会蛀牙，所以要好好刷牙。”（轻微的威胁）

③“如果不刷牙，牙齿会蛀洞烂掉喔！而且如果放任不管，甚至会变成癌症、眼睛瞎掉，所以要好好刷牙。”（强烈的威胁）

那么，你认为在这种状况下，最有说服力的说法是哪一种呢？

请先想想看再继续读下去。

电视广告的功用在于“令人在不知不觉间想要购买”

那么，这次的主题是电视广告。

“为什么企业主要做电视广告呢？”

答案当然是因为“要让观众购买自家生产的商品”。

为了达到目的，企业主会使出浑身解数，制作出各式各样的电视广告。

理想的电视广告就是“令人在不知不觉间想要购买”。

因此，以自然的形式说服消费者的潜意识是相当重要的。

就心理学而言，电视广告中会使观众联想到“儿童、动物、性”的事物，所带来的心理效应最高。

因为这些事物都能带给观众舒服的适度刺激感。

但是，当然不光只是做到这点就OK了。

这种威胁，会有效果吗

意外保险、损失保险，以及药物和老人医疗等，这种对一般民众而言附带些许负面情感的主题，如果只是搭配美丽的影像或响亮的口号，任何人也不会愿意购买。

“哎呀，大鱼大肉、尽情畅饮，真是爽快到极点？！这件事情就暂且不谈，本公司所推出的肠胃药‘治肚子痛的药[1]’新发售！”

就算喊出这种口号，也不会引起任何人的购买意愿吧。

为了煽动观众的购买意愿，必须拿出“酒喝太多，因此非常痛苦的人”的说辞或影像之类，向收视观众煽动适度的危机感。

那么，所谓的适度危机感，究竟得强烈到什么程度，才能达到最好的效果呢？

举例来说，在方才所提到的肠胃药电视广告中播出：

“酒喝太多，所以吐得乱七八糟，既衣衫不整又疲惫不堪，甚至因为宿醉导致痛苦到在地上四处打滚挣扎”这种姿态的影像，再同时搭配上：

“为了避免落到这副下场，向您推荐本公司所推出的肠胃药‘治肚子痛的药’！”这句口号。

---

[1] 译注：《哆啦A梦》中的道具。

如果是像这种演出十分煽动、危机感极其强烈的电视广告，商品就会卖得吓吓叫[1]，一路热销长红吗？

事实上，并非如此。

轻微的威胁远比强烈的威胁更好

至于本节一开头所提到的，关于刷牙的问题，最有说服力的说法，到底是①、②、③这三个选项里面的哪一个呢？

其实，这个问题的正确答案，是令人出乎意料的B，**“轻微的威胁”**。

或许，正在阅读本节的读者之中，会有人非常惊讶意外地表示：“咦！正确答案不是③吗？！”

实际上，詹尼斯和费希巴赫这两位心理学者发表这篇论文的时候，剧烈地撼动了整个心理学界。

“真的假的？！轻微的威胁远比强烈的威胁更好吗？”

“常常在某些奇怪的店家里，会看到‘如果做了××就罚100万日元[2]’这类的声明，难道做这种事情一点儿意义都没有吗？！”

即使无法确定当时的心理学者们是否说了上述这些话，但惊讶不已的心理学者们，为了确认这项论点究竟是真是假，因

---

[1] 闽南语，厉害的意思。

[2] 1日元约为0.06元人民币。汇率时时变化，取一均值，下不赘述。

而反复进行了许多实验。

到最后经过种种实验，虽然直到目前为止，仍然尚未有定论，不过根据大部分的实验结果显示：

“如果是在听者本身对这份讯息表现得愈有兴趣的情况之下，轻微的威胁反而能够达到更好的效果。”

换句话说，经过大量实验累积的调查分析，最后结果显示：“太过强烈的威胁会造成反效果。”

若是一下子给予太过强烈的恐惧或是威胁，一般人会下意识地把情感回路封闭起来。

最后的结果，甚至可能会导致当事人选择“不承认有这回事”或“当作没听过这回事”。

同理可证，即使是肠胃药的电视广告，也是用同样的道理进行制作。无论如何也绝对不要播放“酒喝太多，几乎快挂掉的人”之类的影像，做出程度如此强烈的威胁。

因此，在进行广告宣传时，顶多只能使用“程度轻微的威胁”。具体地举例来说，就像是在电视广告中播出“总觉得胃部消化不良，感到身体非常不舒服”的影像，或者是使用“因为宿醉，所以觉得有点痛苦难受”等诸如此类的状况——“所以服用本公司推出的肠胃药吧！”

至于在制作“生发剂的电视广告”时，基本上道理也是相通的。

“适度的威胁”能够达到最好的效果
哎呀，大鱼大肉，尽情畅饮，真是爽快到极点~这件事情暂且不谈，本公司推出的肠胃药“痛立消”新发售~
没有危机感
广告诉求没有力量
没有效果
喝酒太多，疲惫不堪。因为宿醉，导致痛苦到在地上打滚。为了避免落到这副惨状，推荐您本公司推出的肠胃药“痛立消”
太过强烈的威胁
封闭情感道路
没有效果

在生发剂的电视广告中担纲演出的演员，一般通常会偏向指定头发长度短得恰到好处的人。做出这项选择的原因，理所当然是出自相同的理由。

因为，如果在生发剂的电视广告中，出现“一头及肩的茂密长发”，根本不足以构成威胁；但是，假使反过来使用“发量稀薄至极，可以说就是头顶上几乎完全没有头发的人”，这份威胁又显得太过强烈。

我居然在举出肠胃药的例子之后，立刻联想到生发剂的例子。

由此可见，我不知不觉地在潜意识之中，担心着自己的发量日渐稀疏呢。

如果咄咄逼人地追究“你到底上哪儿去鬼混了”的话……

本来，人类的行动力，原本就是由内而外发展出来的。

假使在别人身上施加太过强烈的威胁，对当事人而言，就会变成“外来的强制力”。

即使当事人在一开始的时候，还是会勉为其难地依照你的要求去采取行动，但是，当事人也不可能永远一直持续做下去。

“太过强烈的威胁会造成反效果。”

这个道理，同时也可以应用在一般的事情上面。

“如果你劈腿的话，我们两个人就分手。”

这句话，当然可以说是程度相当强烈的威胁。

还有这两句：

“你到底上哪儿去鬼混了？”

“为什么你老是不接我的电话呢？”

上述的这些话，全部都是在传递着相同的信息，就是：“你有义务对我坦承一切。你在我的支配之下。”就算找遍全天下，应该没有任何威胁，比不断重复做这种事还要更加强烈的吧。

如果听到你说这些话的人，是个比我更严重数倍的被虐狂也就算了，对于一般人而言，这会造成非常大的心理压力。即使是在刚开始的时候这么做会有效果，面对不断反复施加威胁话语的你，对方总有一天会日渐厌恶而慢慢疏离吧。

那么，在怒火中烧的时候，究竟要怎么表达比较好呢?

事先替对方准备好退路，对方会比较容易接受

我所推荐的答案，就是无论如何都要：

“事先替对方准备好退路。”

当你有事情想要告诫对方的时候，在说完告诫的话之后，一定要再补上一句安慰的话。

“但是，如果你帮忙××的话，我会感到非常开心。”

“以前，你曾经跟我说过，你只喜欢我一个人，你的心意真的让我很高兴。”

像这样，表达一些安慰对方的话，或者是挽起袖子走进厨房，做一顿饭请对方吃都没关系。

而且，相同的道理也可以应用在责骂部下的情况中。

“为什么你老是犯错惹事？！你再这样下去，会造成大家的困扰。”说完这句话之后，再补上一句：

“哎，你是没像××那个人差劲到那种地步啦。”

像这样，在告诫的话之后，再补上一句话安慰部下，顺便轻描淡写地提起比他还要更糟糕的人。

只是如此简单地补上一句安慰的话语，对方就能够更加温顺地接受你所说的告诫话语。请务必试试看。

在发言中事先开个破洞

承上所述，这次的主题总结就是：

太过强烈的威胁会造成反效果！

当你怒火中烧想破口大骂的时候，最重要的事情就是：稍微顾虑一点儿对方的心情，事先替对方准备好退路！

“有破洞可躲的发言”就是绝招！

借由在你充满怒气的责骂发言中开个小小的破洞，反而不会弄巧成拙，导致错失对方的心意。

当你想告诫对方的时候，要事先替对方准备好退路
“你为什么老是犯错惹事！
你不久之前刚犯过同样的错误，
不是吗？”（彻底地告诫）
啰里啰唆烦死人啦，
能不能赶紧讲完！
太过强烈的威胁会造成压力，让人一心一意只想全速逃离现场
“为什么你老是犯错惹事！”
“唉，你没有像××那个人差劲到那种地步啦。”
（告诫后，再补上安慰的话）
我要注意些，不要让上司
觉得我比××那人还要糟糕。
接受告诫的话语

仅仅只要一句话

在每个人的心里，一定都有令人永难忘怀、珍藏在回忆中的话语。

“你的表现相当优秀哦。”

“你真是干得太好了。”

“非常谢谢你……”

当你不小心脱口而出讲了重话，说得太过分的时候，请你一定要记得把蕴藏在你心中的温暖心意，一起传达给对方。

因为，即使对你来说，仅仅是简单的一句话，但在对方看来，也有可能会成为他永难忘怀、珍藏在回忆中的话语。

Lesson 03

利用“心理钱包”邀约的技巧

绝对不会遭到拒绝的邀约方式

“欸，要不要一起去唱歌？”

“你平常有运动的习惯吗？那么，下次我们一起去打个高尔夫球吧。”

每个人对别人提出邀约的方式都不尽相同。

但是，“不知道到底应该怎样向对方提出邀约比较好……”为此而烦恼苦思却仍然毫无头绪的人，应该为数不少。

那么，在这样急需解决方案的时候，如果我告诉你“有种所向无敌的邀约方式”的话……

你心里会是怎么想的呢?

本节即将把这种所向无敌的邀约技巧传授给你。

这次的主题就是：“邀约、咖啡和心理钱包！”

敬请以悠闲的心情，慢慢地读下去吧。

“只要花1杯咖啡钱”的威力

请你回想看看，从过去到现在，各位有没有在保险、贷款、教材等相关的广告之中，看过这种类似的广告词呢？

“那个××，没想到只要1天1杯咖啡的钱，就可以买到手！”

当你看到这句强调消费者能够以便宜的价格轻松地购买商品的广告词时，或许你也会不知不觉在心里想着：“咦？如果只要花这点小钱的话，或许买来看看也不错？”像这种类型的广告词，还有其他各种不同的变化版本。

“只要1天2罐果汁饮料的钱！”

“只要1天1个汉堡的钱！”

“只要1天喂饱笔者我的钱！”

最后那句话感觉起来，可以用超便宜的金额随便打发掉。

不过，即使是借由把购买商品的费用，换算成购买咖啡的钱来打广告，为了购买商品而要支出的费用，也绝对不可能会降低，这是理所当然的道理。如果是在位于东京银座这种高消费地段的超高级饭店内，光是点1杯咖啡，可能就得花上你好几千日元，但如果是在我常常光顾的星巴克或速食店，买1杯咖啡只要花费300日元左右。

然而，即使是这么便宜的价钱，“只要1天1杯咖啡的钱”，实际上计算起来，“1个月也要花上1万日元左右”，然后“1年大概要花上12万日元”。其实可以算得上是一笔为数不小的金额。

但是，一旦在广告中强调“1天只要花费很少钱”这句话，不知不觉之间就会使消费者感到负担很轻松，因而不会抗拒考虑购买商品。这句话究竟有什么不为人知的魔力呢？！

无论如何都得付钱的话，干脆一次付清反而比较爽快

虽然和前文所说的内容恰恰相反，但一般而言，**“刻意细分多次来承担，带给人类心理上的负担，反而比较大”**。

具体地举例来说，在100天之内，连续每天支付1日元，和

一次干脆地付清100日元，如果是你，在这两个选项之中，你会选择使用哪种方式付费呢？

我想，大部分的人应该都会选择后者。

接下来，举个不同的例子，假设你的驾照不幸被吊销，你得选择“连续5天，每天接受1小时的培训”和“只要接受一次5小时的培训就好”，一般人还是会选择后者吧。

像上述的诸多实例所言，无论是负面的负担，还是正面的快乐，结论就是：**“刻意细分多次来承担，就人类而言，对心情所造成的冲击程度，是会逐渐增强的。”**经过以上的说明，你是否可以理解这个道理了呢？

如果根据这个结论去思考的话，类似“1天只要花个1杯咖啡的钱”这种广告词，自然而然会令消费者联想到将金额细分多次支付。就企业的立场而言，这应该是一件相当不利于推销商品的事情。

但是，其实有种心理效果既足够弥补这份缺点，甚至还有利于推销商品的优点，也就是所谓**“心理钱包”**的概念。

这究竟是什么神奇的概念呢？！

内心深处所隐藏的另一个钱包

在心理学之中有一种理论，专门研究考察人类会用什么方

要钱的话就要一次结清，付钱的话
就要分多次付
给我100元
接下来的100天，
每天给我1元
想要一下子消除负面影响
给你12万元，这是一年的份
接下来的一年
每月给你1万
120000
10000
刻意细分多次（对心情上的影响程度比较大）

式管理预算，这种理论就叫作“心理预算管理模式”。

这种理论中所提倡的概念，正是“心理钱包”。

对人类而言，除了一般单纯用来装钱的钱包之外，内心深处还隐藏着另一种钱包，也就是“心理钱包”；**并且人类会以此为根据，来判断自己究竟要把钱用在购买什么东西上面**。

一言以蔽之，所谓的心理钱包，就是“隐藏于内心深处、用于各种不同用途上的预算费用口袋”。

具体地举例来说，人类内心的预算费用，可以细分为“伙食费”“手机费”“杂物费”“置装费”“娱乐费”……

而且，这些类别不同的账目会“个别分开进行计算”，这是心理钱包的思考特征。

举例来说，从过去的经验来判断，每个月的手机费大概只要花5000日元左右。但是，上个月却太过大意，不小心使用了太多的手机流量，因此收到1张金额高达3万日元（天啊！贵死了！）的账单。

这么一来，或许大部分的人，应该都会像这样在心里盘算着：

“因为上个月没有留意，不小心手机用得太凶了，所以这个月就控制一些，少打一点儿电话吧。”

如果反过来说的话，假使觉得“最近好像都没有买新衣服”，心里应该就会禁不住地浮现“总觉得好想买几件衣服哦”这种类似的想法，或者是“无论如何非得买到不可，否则绝对不肯罢休”。

无论是在哪一种情况之下，都是因为“手机费”“置装费”等，每项用于不同用途的实际预算费用，与心里暗自预设的“心理预算费用”产生了差距，所以人们会想要针对这点进行修正，让实际支出的预算费用尽量接近心里预设的预算费用。

而且，尽管每项心理预算费用和实际预算费用之间所产生的差距，会造成实际预算金额增加或是减少。但是，无论实际预算费用是增是减，都不会被转移到其他类别的心理预算费用上面。

“上个月没有买什么衣服，所以这个月就多买几本书吧。”

一般人通常都不会这么想吧。“上个礼拜手机不小心用得太凶了，所以这个礼拜就少去几堂英语会话课吧。”一般人应该也不会这么想。

上述例子，就是代表“置装费”“购书费”“手机费”“补习费”等，每项用途不同的预算类别，在心里几乎是完全“独立”的，不会受到实际费用增减的影响（当然，在真的非常缺钱的情况之下，又该另当别论了）。

或许，以日本的行政机关为例，会使你更加容易了解心理钱包的理论。

首先，在每个年度刚开始的时候，国家会分配预算到各个省厅。

然后，无论是任何一个省厅，如果在前半年很快地花光了预算，后半年就会想尽办法节省开支花费；反过来说，如果在前半年完全没花什么钱，后半年就会拼命用各种名目来消化预算。比如说，密集地猛做道路工程，就是基于这个道理。

而且，无论任何一个省厅，都没办法拨钱给其他省厅使用，这一点也跟心理钱包的理论是共通的。

唯独“伙食费”的预算比较有弹性

那么，话题再回到本节一开头所提到的“1天只要1杯咖啡的钱”这句广告词上面。

假使在广告中，直截了当地表示是为了“保险费”“补习费”，而“请你每年从钱包里掏出12万日元”的话，大部分的人都会犹豫不决。

因为，一般人通常不会在“保险费”或“补习费”这种类别的预算上面，花费高达12万日元的金额。

所以，如果消费者决定要听从广告，从钱包里掏出钱来购买，就得重新计划所有类别的预算。甚至必须更进一步地狠下心来做出重大决定。也就是说，在这个新类别之中投入大量金钱。

这么一来，任何人也没有办法轻松随便地说OK吧。

但是，倘若在这个地方使用“1天只要1杯咖啡的钱”进行替换的话——

就会造成使消费者产生错觉的效果，认为这笔意料之外的预算，感觉上好像被编进了“伙食费”这个类别的预算之中。

更何况，“伙食费”在预算管理上面，是个计算相当随性、而且弹性非常大的项目。

请你试着仔细地回想看看，上个月你的伙食费花了多少钱呢?

上个月你的伙食费，比起上上个月的伙食费，超出多少钱呢?

还是比起上上个月的伙食费更少一点儿呢?

我想，应该没有人能够立刻回答这个问题。

“伙食费所占家庭支出的比例”叫作“恩格尔系数”。恩格尔系数常常被用来当作经济指标。根据恩格尔系数就可以看出经济状况的理由，正是因为在任何一个家庭的支出费用里面，“伙食费”通常都没有很大的变化或是明显的波动。

承上所述，伙食费是个弹性非常大的项目。

就算上个月不小心大吃大喝，尽情享用美食，花掉太多钱，也绝对不会考虑这个月要少喝几杯咖啡。

因此，你心里会这么想：“1天只要1杯咖啡的钱?如果是这点小钱的话，应该无所谓吧……”

即使，把换算单位从咖啡换成“罐装果汁饮料”，或者是“汉堡”，道理还是一样，没有改变。

人类会在下意识中，在心里计划分配预算

上个月不小心手机用得太凶了！

↓

这个月就少打一下电话吧！

↓

但是不会想要减少置装费，因为心理预算是各自独立的！

由于伙食费的预算在计算上很随性，所以当一般人听到“1天只要1杯咖啡的钱”这句广告词，心里会认为“这点钱的话，应该无所谓吧”。

所以，像这样在广告中，刻意把商品价格换算成“伙食费”，强调可以轻松地用跟一点点伙食费差不多的价钱买到商品，是使用广告推销商品时非常重要的技巧。

假如别人对你使出这招的时候，请你要多加留意。

原因不单是钱的问题

理所当然地，在你打算邀约别人一同出游的时候，如果直接照着使用这种广告说辞：

“跟我出去约会的费用，仅仅只要1天花费买1罐果汁饮料的钱，怎样？！”

对方很有可能会冷冷地说：

“我马上买1罐果汁饮料给你，拜托你立刻滚回去。”

像这样狠狠地拒绝你。

那么，究竟要怎么进行邀约，对方才会愿意答应呢？！

其实，**“心理钱包”的理论，除了金钱方面之外，也同样适用于“劳力”或者“时间”上面。**

举例来说，假设有位女性，连续每晚都和不同的男性出游玩乐，即使每次出去玩全部都是由男性主动请客，女性自己完全不用花到一毛钱，心里应该也会想着“还是偶尔停一阵子好了”。

再另外举个不同的例子，如果在放暑假的时候，天天夜以继日地坐在书桌前用功读书，难道心里都不会想着“反正都读那么多书了，最后一天去听个音乐会应该也没关系吧”？

因为，无论是处于任何一种情形之下，在“夜游”“读书”“音乐会（娱乐）”这些领域之中，劳力预算的管理都是各自独立的。

如果像这样，根据心理钱包的理论来进行思考，所向无敌的邀约技巧应该就会自然地浮现脑海。

试着开口问对方，什么是最近没有做过的事情

也就是说，在向对方提出邀约之前，要先开口试探对方：**“最近，你有没有做过××呢？”**询问有关读书、美食、品酒、唱歌，诸如此类的事情，通通都可以。

然后，提问的重点正是：要问出对方回答“最近没做过耶”的事情。

再不然，你也可以开门见山地直接问问看对方：**“你最近有没有什么事情，虽然很想去做，却没有办法做到呢？”**

对方对这个问题的答案，正是对方心里“无法消化预算的领域”。

如果向对方问出答案了，就要马上这样说：

“是哦……其实，我最近也很久没有去过××（或者是做过××）。刚好我也很想去，下次我们两个人一起去吧。”

首先，利用“我也是”这种两人之间彼此互通的心情。接

着，再以“刚好我也很想做”为理由，应用这种心理效果，达到成功邀约对方的目的。

然后，最后一招的撒手锏，正是方才所说明的“心理预算管理模式”。

借由逐步应用这些心理技巧，即使是感觉上双方等级相差太多、难以邀约的对象，对方也会不知不觉间在心里面想着：“反正最近都没有做过，偶尔为之应该没关系吧……”像这样子替自己找借口，答应你的邀约。

只要使出“心理预算管理模式”进行邀约，对方答应的成功率一定会大幅提升。

假使你已经使出浑身解数，对方依然回答“不过我还是没有空耶”，这么坚定地拒绝你的话，如果你能轻松简单地向对方表示“**既然这样的话，那么我们只是一起去吃顿饭也好呀**”就可以了。

毕竟，对方刚刚才拒绝过你一次，连只是吃顿饭也要继续坚持表达拒绝的话，就显得有些困难了。

（这招在心理学上称为door-in-the-face technique，也就是以退为进。如果对方先拒绝你所提出的第一个要求，接着你再提出第二个比第一个要求还低得多的要求，对方在心理上就会比较容易接受第二个要求。）

如果都已经做到这种地步，对方还是依然坚持拒绝你的话，那么就表示对方对你一点儿兴趣也没有。在这种情况下，建议你早点看开，放弃邀约比较好。

当然，这种理论也可以同时应用在工作上接待客户的时候。

必须以对方“最近没有做过的事情”为中心来进行邀约，成功的概率会比较高，所以请你要牢牢地记住这点。

如果你打算要卖冷饮的话，就得先找到一片干燥的地方

承上所述，这次的主题总结就是：

当你想要邀约任何人的时候，首先要问出对方“虽然很想做，但是最近没有办法做到的事情”，接着再表示“刚好我最近也没有做过，而且其实我对这件事很有兴趣，所以我们一起去吧”，像这样循序渐进地邀约对方！

“沙漠中的冰咖啡”就是绝招！

如果你打算要卖冷饮的话，比起其他任何事情都还要重要的就是，必须得先找到一片既炎热又干燥的地方。

其实真正干枯的是……

“这个月至少要做到这些事情……”

“不可以老是一直都在重复做××这件事情。”

每个人的心灵深处，都存在着一个“理想的自己”。

然后，为了要尽可能地接近理想的自己，因而绞尽脑汁、

即使是行动，也存在着“分配预算”的钱包

玩乐的钱包

尽情玩翻天

↓

稍微收敛一点

读书的钱包

夜以继日地用功读书

↓

就算玩一下也没有关系吧~

当你要进行邀约时，必须针对“预算”无法消化的地方，给予刺激。只要这么做的话，对方就会比较容易说OK。

拼命地逼迫自己符合心中理想的形象。

干枯的心灵确实会令人感到痛苦不已，不过同时也正代表着，你的内心有着如此强烈的冲劲，正在猛烈地燃烧着。

请你务必要好好地珍惜这份难得的心情。

Lesson 04

“对方一定会说OK”的高明请求方式

理想的请求方式

“喂，你可不可以去帮我把这个复印一下？”

“你当然愿意留下来加班，对吧？”

请问大家，当你想要对别人提出请求的时候，你会用什么说法呢？

这次，要请大家一起学习，在你面对这种情况的时候，最有效果也最理想的请求技巧！

5种社会权力的基础理论是什么，你知道吗

那么，在开始进入主题之前，我们先谈一下跟这次主题有关的心理学理论。

心理学者弗伦奇（French）和雷文（Raven）将在人类和人类之间，掌权者单方面向对方施加影响力的情况之下，能够成为促使对方愿意选择服从的关键性力量，归纳分类成“5种权力”（1959）。

分别是**法定权力**、**奖赏权力**、**强制权力**、**专家权力**、**参照权力**这5种权力。

虽然，光是看到这几个严肃到极点的名词出现在文章中，就令人头昏脑涨，毫无兴趣继续看下去。但是，读到这里请你先稍微忍耐一下。接下来，我会逐项解释这5种权力究竟是什么。

“那么，请你现在马上把衣服脱掉吧”是法定权力

首先要解说的是法定权力。一言以蔽之，也就是指“合法性的权力”。这里直接就是“法定”这两个字，字面上看得出

来的意思。

具体地举例来说，当你生病去医院看医生的时候，如果护士对你说：“那么，请你现在马上把衣服脱掉，稍微等一下好吗？”任何人应该都会听从护士的话，立刻把衣服脱掉吧。

这正是因为，在你的心里面已经存在着一种意识，也就是“在医院里面，必须听从护士的指示，采取行动”。

如果是一位戴着太阳眼镜和口罩的男性，在你面前对你说：“呼……哈……拜托你马上把衣服脱掉，等我一下吧。”

我想在这种情况之下，大概任何人都不会愿意脱衣服。

原因正是因为这项指令“没有合法性”的关系。

同理可证，“上司”指示托付“部下”接受执行工作，以及在机场里面，必须遵从海关人员的指示，对方之所以会愿意依照掌权者的指令行动，原因也都是出自法定权力造成的影响力。

虽然只要使用法定权力，确实可以有效地使对方按照掌权者的指令，唯命是从地采取行动，但是对方会因此而渐渐变得很被动。

“如果你很努力的话，我就做那件事奖赏你”是奖赏权力

接下来要解说的是奖赏权力。也就是指，**掌权者借由“奖**

赏”促使对方采取行动的权力。举例来说，就像是：“如果你考上那所学校的话，我就出去跟你约会。”“假使你在这份工作中做出亮眼成果的话，我就给你一大笔奖金。”

如果用“恩威并施”来比喻的话，奖赏就等同于“恩惠”。

虽然对掌权者而言，奖赏权力确实能够带来相当高的效果。不过，奖赏权力的缺点就是，假使掌权者持续提供丰厚的奖赏，对方会变得日渐无法感受到工作内容本身究竟有什么魅力可言。

同样的道理，就像在教导小孩子学习的时候，不能老是用“我会买那个你想要的××，来奖赏你做到这件事”这句话，给予小孩子过多的奖赏。

“如果你不听话的话，我就扁你一顿哦”是强制权力

接着继续要解说的是强制权力。

所谓的强制权力，正是“恩威并施”中的“威吓”。

举例来说的话，就像是用**“如果你不听话的话，我就要处罚你哦”类似的话语，借由带有负面意味的事情，强制性地使对方服从的权力。**

或许，掌权者使出强制权力这招，确实是效果绝佳，但是会给对方带来非常强烈的厌恶感。

“你呀，非得动手术不可”是专家权力

然后，接下来要解说的是专家权力。

专家权力就是如同字面上所表示的，指**借由“因为这是专家的意见”这个理由，而使对方服从的权力。**

“以你目前疾病的状况，最好要马上动手术”，像这种来自医生的意见，或者是股票分析师对你说“现在正是这档股票上升的好时机”，都是以专家权力的影响力为根据所提出的指示。

虽然话是这么说，即使是根据专家权力所下的指示，偶尔也会有不准的时候。

举例来说，我自己本身是以“精神科医师YUKI YU”的身份，为社会大众提供心理方面的建议。不过，如果万一我在个人简介上附注“精神科医师（笑）YUKI YU”，或者是“精神科医师（也许称得上是吧）YUKI YU”，对社会大众而言，我身为专家的可信度，很可能就会因此下降一点（应该说肯定会一落千丈才对），就是基于这个道理。

"正因为是这个人，所以我才愿意顺从"是参照权力

最后要解说的则是参照权力。

虽然字面上看起来有点难懂，所谓的参照权力就是指：**基于掌权者的魅力或品德，甚至是对掌权者的信赖或憧憬等各种属于"内在"的因素，而使对方在不知不觉之间，顺从掌权者指示的权力。**

"因为是我很尊敬的××所讲的话，所以……"

"如果是一般随处可见的医生提出意见，我根本不会听信。不过，既然这是××医生讲的话……"

"如果是为了总是非常照顾我的大哥的话……"

就像这样，因为掌权者的人品，对方才愿意说OK。

这就叫作参照权力。

我的终极目标就是，总有一天要讲出极具影响力的话语，成为大家心目中的参照权力。

在那之前，请你一定要继续读我的书哦。

当我说出这句话的时候，感觉起来就已经很像是强制权力了。

在什么情况之下，对方会愿意采取行动？

*使对方愿意采取行动的五种权力

	例子	对方所受的影响
法定权力	类似上司向部下托付工作的情况等，借由“具有合法性”的影响力。	对方会因此而渐渐变得很被动。
奖赏权力	告诉对方：“我会做××这件事当作奖赏。”借此促使对方采取行动。	对方会变得日渐无法感受到工作内容本身究竟有什么魅力可言。
强制权力	告诉对方：“如果你不听话的话，我就要处罚你。”借此促使对方采取行动。	会给对方带来非常强烈的厌恶感。
专家权力	类似医生说：“你早点动手术比较好。”诸如此类的情况。	使对方有心想要积极地采取行动。
参照权力	“因为是我很尊敬的××。”“如果是为了总是非常照顾我的××的话。”基于上述类似的理由。	双方能够彼此互相建立良好的人际关系。

如果你想要促使对方采取行动，借由“参照权力”来刺激对方是最好的选择。

仅仅只要多说一句话，就能够发挥权力

那么，读到这里，我们已经知道了什么是5种权力。

结论就是，“法定权力”“强制权力”“奖赏权力”，**这3种权力虽然能够即刻生效，使人马上采取行动。但是，如果长期持续使用这3种权力的话，无法肯定就绝对能带来良好的效果。**

就这点来看，**“专家权力”和“参照权力”是最理想的选择。**

即使是以长期的观点而言，也能在精神层面上互相持续给予彼此良好的作用。

因此，如果当你现在要请求托付部下、同事，或者是恋人、朋友做任何事情的时候，绝对不要只使用“法定权力”“强制权力”，乃至于“奖赏权力”来进行请求。

话虽然是这么说，一般而言“专家权力”并不是有办法立刻就能够获得的权力。

所以，记得要尽量使用“正因为是这个人，所以我才愿意”像这种的“参照权力”来刺激对方，进行请求。

有个非常简单的方法，可以轻松地达到这个目的。

在你向对方提出请求之前，绝对要记得先加上一句“很不好意思”或者是“真的很抱歉”。

只要说这么简单的一句话，对方就会在心里面想：

“啊，这个人有真心在替我着想。正在对我诚挚地表示敬意呢。”

因为，由你说出口的话语而在对方心里产生的这份好感，会以同等的分量回应到自己身上。所以，对方也会对你怀抱感恩的心情。

借由这么简单的一句话，对方就会笑着对你说：“我知道了！”然后答应你的请求。

这正是“参照权力”发挥了影响力，而使对方答应你的请求。

只要下那么一点儿功夫，你和对方之间，就能够慢慢建立起非常良好的人际关系。

所以，如果当你想要向情人、朋友请求任何事情的时候，一定要记得先加上“真的很抱歉”这么一句话。只要借由这么简单的一句话，对方就应该会很乐意答应你的请求。

“因为我们两个人正在交往，要他帮忙做这点小事，也是理所当然的。”

“因为他是我的朋友……”

“因为他是我的部下……”

心里总是抱持这种想法的人，必须多加注意。

如果你一直这样对待对方的话，对方日渐涌上心头的反抗心理，随时都有可能会达到临界点而爆发。

建立良好人际关系的“请求方式”

只要先加上这么简单的一句话，对方心里就会想着：

“他正在对我诚挚地表示敬意。”

↓

“我也要像他一样，回应他同等的敬意。”

↓

对方就会很爽快地说OK！

如果你在心里想着“对方帮忙这点小事情，是理所当然的”，就要注意对方心中日渐对你积累不满，而且很有可能会随时爆发。

用柔软的态度提出请求，就能够软化对方的心

承上所述，这次的主题总结就是：

当你想要向对方请求任何事情的时候，一定要记得在提出请求之前，先补上一句“很不好意思”或者是“真的很抱歉”，然后，如果情况允许的话，在对方替你达成请求之后，也要记得笑着说一句“非常谢谢你”来答谢对方的帮忙！

“宛如棉花糖般的柔软请求”就是绝招！

只要借由态度柔软的请求方式，就能够建立良好的人际关系，温柔地包覆对方的心房。

一定会有同等分量的心意，回应到自己的身上

常常会看到一些人，总是使用强硬专制、不得有违的语气和态度，命令指使晚辈，甚至是明显地根本不把晚辈当人看。

但是，难道这些人从来都没有想过吗？

“在未来的某一天，如果对方突然发迹晋升，甚至到达远比自己还要更高的地位，到那个时候我究竟该怎么办？”

假使这些人在心里想着“这种扯到不行的事情，天塌下来都不可能会发生啦”，就是代表这些人未免太过于缺乏想象力，要不然就是下意识地在心里想着：“我自己的地位明明比

你还要高得多，也根本不曾疑心妄想过这种可能性。”

从来没思考过这点因而大吃一惊的人，请你再仔细想想看。无论是任何人，内心深处都存在着“自尊心”。

不管现在你所处的地位是高是低，都要尽其所能谦和有礼地对待你身边的人。因为，无论你施加在对方身上的是正面的心情，或是负面的心情，都一定会用同等的分量，回应到自己的身上。

Lesson 05

说出难以启齿之事的技巧

“料理铁人[1]的反胃版”来了

那么，首先要问你一个问题。

两人交往至今，你的恋人第一次挽起袖子走进厨房，为你做了满桌的菜肴。

[1] 日本在20世纪90年代播出的美食烹饪节目。

可是，无论是任何一道菜，味道简直都糟糕到可以一举夺下诺贝尔恐怖厨艺奖。

你眼前所看到的肉，很明显的干瘪焦黑的部分大到不容忽视，甚至还有颜色吓人、根本看不出来是什么的东西载沉载浮。

“你说，味道尝起来怎么样？如果真的很难吃的话，剩下来不要吃也没关系哟？！拜托你，要老实说哦！”

她满心期待地追问你的感想。如果是你的话，你会对她说什么呢？

①“超超超超超超好吃的！”

②“虽然味道确实有点怪，但是我觉得非常开心。”

③“嗯……”

④“难吃到爆。我呀，本来就是个有话直说的人。”

然后，在这4个选项之中，最差劲到极点、绝对不可以选择的选项，究竟是其中哪一项呢？！

请你先做好选择，再继续接着读下去。

情绪不安的时候，会想要和“立场相同的人”在一起

请问大家都找出正确答案了吗？

那么，在说明正确答案之前，我们先谈一下跟这个问题有关的心理学理论。

心理学里面，有一种理论叫作**“社会比较理论”**。这项理论就是说，**人类只要身陷于情绪愈不安的状况之下，就愈会借由和“跟自己位于相同立场的人”相互“比较”，来使自己安心。**

能够说明这项理论的，正是接下来要介绍的一项实验。

实验者对受试者这么说：

“等一下我会用强烈到让你痛得哀叫的电流刺激你。甚至连鸵鸟俱乐部[1]都会拒绝上节目演出，大概就是那种等级的超猛电流。”

“咦咦？！”

“所以，在那之前随你选一间中意的等候室，在里面等一下。”

“哦，我知道了。”

“啊，对了。等候室总共有A、B、C这3间。A是单人房。

[1] 日本的搞笑艺人三人组。

B的房间里面，有等一下一样要接受电流刺激实验的人。C的房间里面，则是跟电流刺激实验完全一点儿关系都没有的人。那么，你要选哪一间房间呢？”

听到实验者说这番话的受验者，几乎大部分的人都选择在B的房间里面等待。

因为，人类会借由跟自己处于相同立场的人接触，观察他们采取的行动，使自己的情绪安定下来。

就像这项实验所显示的，一般而言，人类只要身陷于情绪愈不安的状况之下，就愈会想要借由看着“跟自己位于相同立场的人”，来使自己安心。

若是看到运动选手创下世界纪录的时候，一般人心里都会禁不住想着：“啊……原来，人类也有能力做得到这种事。”然后一同感到很开心。

如果看到演艺人员离婚或外遇的新闻，一般人通常心里都会想着：“竟然惹出那种乱七八糟的丑闻，这怎么可以嘛。”接着一个人沉浸在优越感里面。

例如，体育报几乎一定会把好事和坏事，这两种报道全部都刊登出来，也是因为基于人类有借由看着别人跟自己比较的心理。

别人是能够映照自己身影的镜子
等一下就要进行电流刺激实验，
请问你要选择待在哪一间等候室呢？
A
B
C
A：单人房
B：房间里面有一样要接受电流刺激的人
C：房间里面有跟电流刺激实验毫无关系的人
情绪不安的时候，只要看到跟自己处于相同立场的人，
就会感到安心。
借由观察别人，站在客观的立场审视自己。

和别人接触也等同于了解自己

换句话说，**就人类个人本身而言，为了要站在客观的立场检视自己，利用别人的存在是一种很有效的手段。**

到最后，人类其实是通过观察别人，来注视自己的身影。

也就是说，别人是能够映照自己身影的“镜子”。

因此，如果你活着却不和任何人接触，或者是几乎不和任何人对话的话，就等同于“过着不照镜子的生活”。

那么，请你试着一整天都不要看镜子生活看看。

女性自然就不用说了，即使是男性应该也会感到不安才对。

假设你走在路上，却有人莫名其妙地用嘲讽戏谑的神情看着你，你应该会变得更急切地想要照镜子吧。

身处于听不见别人讲话的状况之中，也是像不照镜子生活一样地令人不安。

真正不能选择的选项是……

那么，即将要揭开问题的正确答案了。

其实最差劲的选项是：

③“嗯……”

请你试着回想过去的经验看看。

第一次向人表白心意的时候；

第一次亲自下厨的时候；

第一次把自己精挑细选的礼物送给对方的时候。

你是不是心里七上八下、紧张兮兮、坐立难安呢？

愈是在这种情况之下，不就会更令人满心焦急地想要看到“镜子”，也就是听到对方的感想吗？

因此，在这种关键时刻却保持沉默，什么都不回答，是最差劲的选项。

选择保持沉默的人，或许会在心里想着：“天啊，味道糟糕到我根本说不出口，你也应该体谅一下我的心情吧。”但是，如果你面对的人不是解读人心的专家，这种深奥难懂的心情，完全无法传达给对方。

愈是在这种难以启齿的情况之下，反而愈是非得要好好地让对方仔细地看到镜子才行。

虽然没有必要刻意说谎打圆场……

那么，在剩下的其他选项之中，最好的选择是哪一个呢？

①“超超超超超超好吃的！”

这个选项，不用说一眼就看得出来是在说谎。

④“难吃到爆。我呀，本来就是个有话直说的人。”

这个选项，虽然有尽到身为镜子的职责，诚实地映照出对方的身影。但是，对方听到这种回答，肯定会大受打击吧。

其实，最好的正确答案就是：

②“虽然味道确实有点怪，但是我觉得非常开心。”

当然，虽然你不想说出难听的话伤害对方，但是也没有必要做到刻意说谎打圆场这种地步。

不过，在你的内心深处，应该确实存在着“这是你为了我全心全意煮出来的满桌菜肴，我好开心”这份心情。

既然如此，只要把这两种心情同时传达给对方就可以了。

如果你一开始就先向对方说出诚实的感想，对方心里会想着“这个人没有在对我说谎”。

这么一来，在这之后加上的那一句“我好开心”，你的这份心意就会更加深刻地渗透到对方的内心。借由这种技巧向对方传达心意，对方对你的好感应该会愈来愈强烈。

这项技巧也可以同时应用在其他情况之下。

恋人传短信给你的次数慢慢变少了，如果苦等了好一阵子终于收到短信的话，就要回复对方：

“虽然你偶尔才会传短信给我，让我觉得好寂寞。但是，收到这条久违的短信，我很开心！”

若是期待已久的约会，对方却姗姗来迟，让你等得火冒三丈的话，在约会快结束的时候，跟对方说：

“今天的约会你迟到，让我等了30分钟。虽然心里有点难受，但是能够两个人一起出来玩，我还是很高兴。”

如果进货时间延迟，很晚才送到的话，就要说：

“虽然一时之间我还很担心，不知道事情会变成什么样子。但是，既然东西送到，我就安心了。你在百忙之中依然将东西送达，真的非常感谢你。”

只要这么做，就能够大幅改变你的恋爱和工作，使事情发展得愈来愈好，请你务必试试看。

诚实的感想＋温暖的心意

承上所述，这次的主题总结就是：

如果别人特别为你做了任何事情，首先要说出诚实的感想，接着再向对方传达，你为了对方所付出的心意而感到多么开心！

“矛盾双兼”就是绝招！

虽然，诚实锐利的矛会狠狠刺伤对方的满怀心意。不过，最重要的是，要在说出诚实的感想之后，再用充满温暖心意的盾，表达你由衷的感谢，温暖对方的心房。

实在没有必要独自怀抱着矛盾的心情，绞尽脑汁地想要用一句话把你内心纠葛的情绪蒙混过去。

虽然今天犯错了，但是……

这项技巧也可以同时应用在自己的身上。

今天犯下了天大的失误。

不伤害感情又能诚实地指出缺点的技巧

重点是
“诚实的感想+正面的心意”

女朋友亲手做的料理，难吃到令人难以置信！

“虽然味道有点儿怪，但是我觉得非常开心”

诚实的感想 + 正面的心意

望穿秋水也等不到短信的时候
“虽然你偶尔才会传短信给我，让我觉得好寂寞。
但是，收到这条久违的短信，我很开心！”

约会的时候，对方却迟到了
“虽然我等了30分钟，心里有点难受。
但是，能够一起出来玩，我还是很高兴。”

进货时间延迟
“虽然我很担心，不知道事情会变成什么样子。
但是，既然东西送到，我就安心了。”

我露出了非常难堪的糗态。

碰到这种状况的时候，也没有必要指责痛骂自己。

无论是多么小的事情都可以，晚上要上床睡觉之前，请好好地称赞自己一下。

“虽然今天犯了一点儿错，但是我已经很努力去做了。”

只要这么做，应该就能让你忐忑不安的情绪，渐渐地平静下来。

Lesson 06

成为坚强的人的方法

拥有易碎玻璃心的你……

我不擅长外出跑业务……

虽然很想约她出去，但是如果被拒绝的话该怎么办？

一点儿芝麻小事就让你垂头丧气，因为担心害怕遭到别人拒绝，所以迟迟无法鼓起勇气，开口询问对方。请问你有没有碰到过这种情况呢?

这次即将要介绍的技巧，能够使你在追求别人或者是工作上成为“坚强刚毅、抗压耐磨的人”。

主题就是：“足球、面具和脸部彩绘！”

请抱着轻松愉快的心情，继续读下去吧。

守备和攻击同时进行的游戏

虽然这么说很突然，请问大家有没有听过《足球小将》这部漫画呢?《足球小将》在《周刊少年JUMP》这本杂志上长期连载，可以说是在足球漫画史上缔造无数传说的代表性经典作品。

这部漫画，基于夸张至极又戏剧化的描绘方式，从过去到现在已经不知道被读者猛烈地吐槽过多少次。

举例来说，类似“球门隐藏在地平线的彼方”，或者是“飘浮在空中长达30分钟左右”，要不然就是“日向小次郎的射门必杀技‘猛虎射球’‘新猛虎射球’，不管是其中任何一招，到最后其实就只是用尽全力把足球踢出去而已嘛”等，诸如此类的吐槽，如果要一一列举出来，根本讲也讲不完。

而我自己本人以前也深受这部作品的影响，在读小学的时候，曾经去参加过“足球教室”。

这个足球教室的诸多练习项目之内，有一种叫作“正方形游戏”的练习方式。

首先，要先在地上画出约10米见方的正方形，小孩子们每个人都要带着一个足球进入场内。

其实，这项正方形游戏的规则非常简单易懂，也就是说**“一边守住自己的足球，一边想办法把别人的足球踢出场外”**。

然后，如果你没有守好自己的足球，被别人踢出场外的话，就必须无条件地退出游戏。

换句话说，如果**“集中全部注意力，满脑子只想着要把别人的足球踢出场外”**的话，**“自己的足球就会被别人踢出场外”**。

这项游戏，简直可以说是一边要想办法保住自己的命，同时一边又要想办法拿下别人的命，正如字面上所看出来的，是一种跟《大逃杀》[1]很类似的游戏。

顺带一提，就算到现在我也还记得，当时幼小的我只是想尽办法把足球夹在两脚之间，拼命地跳个不停的模样。

现在想想，我在正方形游戏中那副拼命想求胜的模样，已经象征了某种人生哲学呢。

[1] 日本的恐怖小说，内容是描述在全日本内被随机抽选中的一班学生，要彼此互相残杀到只剩一个人生还。

之所以能够摆出“攻击”的架势，正是因为心里很有“自信”

那么，说到这个“正方形游戏”。

其实，仔细想想看的话，可以说现在每个人每天都在日常生活中进行着这种游戏。

无论是任何人，内心深处或多或少都拥有“自信”。

然后，**正是因为你心里对自己有某种程度的“自信”，才有足够的能量可以做出程度较高的行动。举例来说，就像是想办法追求别人，或者是全心全力投入在工作上面。**

在采取行动的整个过程中，任何人的心情都曾经受到动摇。

约会的时候，对方迟到了。

苦心构思的追求告白，对方却坚持拒绝不接受。

自己精心策划的企划书，却没有被通过。

当你反复地遭受这种负面体验的持续打击，不知不觉之间，你心里对自己的“自信”和“自尊心”就日渐崩溃瓦解，等到你察觉到的时候，你已经“彻底迷失了自己”。大家是不是都曾经有过这种经验呢?

也就是说，如果你自己的足球被别人踢出场外的话，你就已经失去继续参与游戏的资格了。

所以，不能光是一直专注于“攻击”上。

必须要在内心筑起一道防御墙，从对方在无心间采取的行动和说出的话语之中，“守住”自己脚下重要的足球。

那么，究竟要怎么做，才能够做到这点呢？

你自己也戴上“面具”

在这个时候要介绍的是一种叫作“persona”的想法。

所谓的persona，在拉丁语里代表“面具”的意思。

在古希腊时代，演员们在表演戏剧的时候，都会戴上“persona”来扮演剧中的人物角色。

有的时候，主角可以借由不断地换上别的面具，一个人就能够在台上演出好几个人物角色。

到最后，变成只要靠面具就能代表那个角色本身。

“persona”也就成为了英文里面代表“个性（personality）”这个词的语源。

心理学者荣格（C. Jung）根据上述的由来，将“**人类表现出来给别人看的那一面”称为“persona”**。

那么，请你试着仔细回想看看，你应该也不知不觉地，在内心某处悄悄地戴上了“面具”。

身为“公司职员”的面具，身为“丈夫”“妻子”或者是“小孩”的面具，身为“朋友”或“恋人”的面具……

其他的还有身为“品行良好的人”“面容俊俏的男性”“笨手笨脚的女孩”“全班崇拜的偶像”等，诸如此类的面具。

本来，人类平日就戴着各式各样的面具生活着。

不要全部只靠一张面具比较好

但是，如果你所拥有的面具只有一张的话，有的时候会陷入很为难的情况。

如果你想要扮演“温柔的女朋友”的话，就必须压抑怒气。

因为你想要扮演“可靠的上司”，所以非得一个人孤军奋战不可。

因为你想要扮演“善于追求别人的男性”，所以不能因为一点芝麻小事就露出坐立不安、焦躁难耐的模样。

这种面具，会随着时间日渐产生龟裂，甚至有可能连你的心情都会毫无抵抗能力地被冰冷的水侵蚀渗透。

碰到这种情况的时候，最重要的事情，就是**要有意识地刻意戴上全新的面具**。

具体地举例来说的话：

类似“接待员”等的“待客业”。

然后还有“服务员”或者是“按摩师”等的“服务业”。

甚至是“搞笑艺人”或者是“演员”等的“表演者”。

戴上面具是最好的选择。

“这么辛苦，都是为了要增加我的顾客。”

“我要使出我的技巧，让客人度过愉悦的时间。”

“如果这位部长肯特别指名我托付工作，他爱怎么对我发火都无所谓。”

“这是一部我主演的感人戏剧大作，我必须救出扮演本剧女主角的女朋友。”

戴上一张大面具，彻头彻尾地变身成为你想要扮演的职业角色。只要借由这么做，你的自尊心和自信遭受伤害减损的情况就会减少。

如果你不戴上面具的话，即使别人只是迟到而已，你也应该会在心里想着：

“他是不是瞧不起我啊？”

“难道我被小看了吗？”

就算你向对方问了一件事，对方只是冷淡地回应你，你也会在心里想着：“啊……他对我说的话一点儿兴趣都没有。”而暗自感到非常受伤，无法建立亲密的人际关系。

但是，**你仅仅只要戴上“服务员”或者是“接待员”等类似的面具，即使是话题无法顺利接下去，完全热络不起来而显得很尴尬，也不过是“工作上必要的过程之一”**罢了。

只要你有意识地戴上符合当下情况的面具，应该就能够好好地继续进行对话。

请你务必试试看。

任何人都能借由戴上面具而变得坚强

究竟要怎么做，才能变成坚强刚毅、抗压耐磨的人呢？

借由戴上“上司”“丈夫”“好人”等诸如此类的面具

配合情况扮演出当下所需要的“角色”，
预防自尊心和自信遭受伤害。

只要戴上“业务员”的面具……

即使是吃了闭门羹，也不会感到“自己被别人嫌弃了”而受伤害。

“这是一部我所主演的戏剧，我偏要排除万难演给你看。”
像这样再加上“演员”之类的面具，会使你变得更加坚强。

仅仅只是在脸上点缀一点儿色彩，就能够变得坚强

我们再把话题拉回足球的地方。足球的球迷，会在脸上进行“脸部彩绘”再进场为自己支持的球队加油。

或许，曾经画上脸部彩绘坐在观众席上为球队加油的人，就能够体会这种心情。一旦画上脸部彩绘，就会不可思议地令人感到雀跃不已、兴奋激动，甚至会觉得连自己都跟着变强了。

这正是**借由在脸上涂上色彩，戴上“大家都是支持同一支球队的死忠球迷”这张面具，才能达到的心理效果。**

实际上，有的时候“脸部彩绘”也会被用来当作一种心理治疗法。

只要从外面戴上一张全新的面具，覆盖自己毫无防御的脸，就能够使不安的情绪逐渐变得平稳、沉静下来。

有的时候，头衔也可以塑造一个人的形象

而且，无论是认为自己有多么派不上用场、老是扯后腿拖累大家的人，**实际上，只要给予他一个“部长”或者是“课长”等之类的头衔，他也会慢慢地变得有工作能力，甚至连言谈举止都会跟着改变。**

这就叫作“**角色扮演效果**”。

只要你自己有意识地认定自己是“男公关”或者是“接待员”，开始扮演起符合情况的角色。非常不可思议的是，你的言谈举止，都会慢慢地变得像本来就是个资深的待客业人员。

借由持续戴着面具配合情况扮演角色，就可以带来一石二鸟的效果。

而且，有的时候先决定好这次要戴上面具扮演多久的时间，也是非常重要的。

“实在没有办法鼓起勇气打电话。”

“完全提不起精神努力工作。”

碰到这种情况的时候，请试着这么想：

“只要短短的3分钟就好，我来扮演一个称职的服务员吧！”

不过是这么想，就远比只是在心里漠然地想着“来扮演服务员吧”，更有效果地让人想要提起干劲去努力扮演角色。

工作进行得顺利，压力累积得又少

承上所述，这次的主题总结就是：

当你想要打电话给情人的时候，想要追求别人的时候，甚至非得去见其实心里很不喜欢的老主顾的时候，只要在心里面想象着：现在我正在扮演“服务员”或者是“接待员”等这种专门待客的职业角色！

尤其是要事先决定好扮演角色的时间，就能够得到意料之

“角色扮演效果”可以改变一个人

所谓的“角色扮演效果”就是：
只要给予一个人“部长”“课长”等之类的角色，
他自己就会开始采取符合身份的行动。

对自己完全没有自信……
实在没办法鼓起勇气……

只要说服自己“不过是扮演服务员短短的3分钟就好”，就能够继续努力下去。

外的好效果！

“面具＋脸部彩绘”就是绝招！

比起仅用一个原原本本的“自己”，去背负许多难以承担的事情，然后再因为累积的压力沉重到无法处理而乱出气，不如借由在别人面前戴上美丽的“面具”，巧妙地消除压力。

心理健康的人，是懂得珍惜自己的人

心理学者荣格说：“所谓心理状况健康的人，就是不会被为了在日常生活中面对别人而戴上的面具所控制，同时也有能力做到珍惜覆盖在面具之下内心世界的人。”

总而言之，请借着戴上“男公关”等这种坚不可破的大面具，让你的内心世界有个可以喘息的空间。

正是这份令人安心沉静的感觉，才能够使你的内心世界日渐变得充实。

因为，如果你自己本身已经被长久累积的压力折磨到无法喘息的话，是根本不会有足够的力量去帮助任何人的……

Lesson
07

如何不靠责骂改变不争气的人

你正想破口大骂吗？不过，请你先等一下！

情人最近很少打电话给我。

部下老是偷懒不做工作，我到底该怎么样指导他才好？

最近，我经常收到很多类似的E-mail，里面都写着不知道该如何解决这种困扰。

究竟要用什么样的方式促使对方采取行动，才能在不破坏彼此人际关系的情况之下，让对方按照你的期望，变得愈来愈好呢？

无论对任何人来说，这件事情都是一个很令人头大的问题吧。

这次，我即将在本节教导大家解决这种烦恼的好方法。

责骂跟赞美，到底是哪一种做法比较好呢？

那么，我想先请教大家一个问题。

在教育小孩子的时候，究竟是“严厉责骂他，促使他成长”比较好，抑或是“经常赞美他，促使他成长”比较好呢？

（难易度★★★★☆）

虽然这个问题乍看之下很简单，但其实是一个很难回答的问题。

整天老是骂小孩子骂个不停，小孩子未免也太可怜了；就算话是这么说，不管小孩子做什么事情，一律都给予赞美肯定，好像也行不通。

如果一直像这样反复思来想去，根本没完没了，想破头还是无法得出结论。

不过，在心理学里面，有个理论可以明确地解决这个问题！

如果是“掌控快感的开关”，就能够持续进行下去

在心理学里面，给予赞美或者是诱饵，赐予一些会使对方感到很开心的奖赏，就称为**“正向增强”**（positive reinforcement）。

施加责骂或者是用电流刺激，进行一些会使对方感到相当痛苦的惩罚，就称为**“负向增强”**（negative reinforcement）。

那么，在这两种做法里面，究竟要选择哪一种做法，才能够把学习效率提升得更高呢？

关于这个问题，心理学者们进行了各式各样的实验。根据大部分的实验调查结果，可以验证**“正向增强”远比“负向增强”能够带来“更高的学习效果”**。

实际上，心理学者曾经进行过这样的实验。“只要每按下一次开关，就能够得到一次快感的老鼠”，一天之内就连续按下开关好几万次；和得到快感的老鼠相较之下，“一旦按下一次开关，就会遭受到一次电流刺激的猴子”不消几天就得了胃穿孔。

虽然，就人类的情况来说，一般而言当然不太会经常持续承受强烈到使人胃穿孔的沉重压力。但是，实验结果已经足

究竟是赞美会促使人成长，抑或是责骂会促使人成长？

一旦按下就能够得到快感的开关 正向增强

- 使人想要一直持续按下开关
- 学习效果比较好

一旦按下就会遭受到惩罚的开关 负向增强

- 导致心理状况变得很不安定
- 学习效果比较差

用赞美促使人成长比较有效果

以显示，**借由责骂会唤醒人类的恐惧感，甚至会导致出现“容易觉得很紧张、担心害怕”“变得完全没有自信心”等之类的缺点。**

换句话说，经常责骂小孩子，也就是“负向增强”，对小孩子的身心健康和成长发展而言，绝对会带来不好的影响。

但是，这么一来，或许会有人提出这种相反的论点：

“例如说有很多伟大的足球选手的故事，不就常常都是‘虽然从小生活贫苦，但是依然毫不气馁，每天朝着梦想持续练习，终于变成足球选手’！假使不是身处严峻苛刻的状况之下，他们是绝对无法达成伟大成就的！”

不过，即使是在这种状况之下，也是一样的道理。

虽然在身陷贫苦生活，处处充满各种挫折的情况下，但是对于那个人而言，因为只有足球能够为他带来喜悦，例如说“这场比赛我踢得很好”“每个人都称赞我的球技”，所以他才能够达成远大成就。

也可以说，正是因为身陷愈恶劣的生活状况，才愈能够显示“正向增强”所造成的心理效应是多么地具有价值。

深信“如果不施加责骂，小孩子就会变成很没用的人”

但是，即使无论是日常生活中或心理学上，都有这么多例子验证赞美的效果，我们却依然深信着“可是又不能都不骂他”。

只要你去问家里有养小孩子的父母，他们肯定会这样回答你：

“如果不管他做什么事情，总是一直称赞他，小孩子想必不会变成一个有用的人。非得责骂他、对他发怒不可，不然小孩子会变成一个毫无用处的人。”

那么，为什么这种意识，依然几乎接近强迫似的，甚至如此深刻地烙印在我们的意识之中呢？

接下来，我将把一种心理学理论介绍给大家，借以说明这件事情，一定会使你恍然大悟。

小孩子只是不断重复做出“好事”和“坏事”

这种心理学理论，就是由心理学者谢弗（Schaffner）所提倡的。

首先，因为小孩子毕竟也是人类，所以应该会以几乎相同的频率，做出父母所认定的“好事”和“坏事”。

那么，小孩子在做出这些“好事”和“坏事”的时候，究竟这些“好事”和“坏事”会以怎么样的频率出现呢？

在这里，要请大家想象一下。举例来说，如果先把一副扑克牌彻底洗干净之后，接着再依照顺序一张张翻出扑克牌的话，“红色的扑克牌”和“黑色的扑克牌”，各自会以什么样的频率出现呢？

一般而言，随机翻出来的扑克牌，前半段全部都是“红色的扑克牌”，剩下来的后半段，则全部都是“黑色的扑克牌”，这种状况绝对不可能会发生。在大部分的情况之下，应该都是“红色的扑克牌”→“黑色的扑克牌”→“红色的扑克牌”→“黑色的扑克牌”……像这样两者几乎平均地交互出现。

和随机翻出扑克牌的道理相同，**如果长时间观察小孩子的行为的话，也是像这样，“好事”→“坏事”→“好事”→“坏事”……两者平均地不断交互重复发生，这种情况大概会比较多。**

接下来，解说就要开始进入重点了。

这么一来，理所当然地，父母应该会在小孩子做出“好事”的时候给予赞美，至于在小孩子做出“坏事”的时候，父母自然会施加责骂。

既然都说到这了，感觉敏锐的人，或许已经想通这究竟是怎么一回事了。

“小孩子做出好事”（在这种时候，父母会给予赞美）→“小孩子做出坏事”（在这种时候，父母会施加责骂）→“小孩子做出好事”……

就像上述所言，在小孩子做出任何事情之后，不管父母是给予赞美或者是施加责骂，其实小孩子明明都只是不断重复做出“好事”和“坏事”而已，父母却不知不觉地在心里面产生了一种错觉：

“我才刚称赞他一下子而已，他就马上给我做坏事！果然，称赞小孩子只会让他得意忘形罢了！”

“我才刚责骂他没几句而已，他就乖乖听话做好事！果然，小孩子还是得靠多骂才会成长啊。”

这种理论已经非常明快地破除迷思，“责骂惩罚是必要之恶”这种意识，其实只是相当单纯的误解而已。

施加责骂的次数愈少愈好

当然，在现实生活中，不可能像刚刚所说的，无论何时完全都是照着“好事”→“坏事”→“好事”……这种方式平均地分布出现。

有的时候，偶尔也会是“坏事”→“坏事”→“坏事”……

像这个样子，坏事接连不断地发生。

在这种情况之下，或许施加轻微的责骂也是必要的。

即使是把这种坏事连连的状况也列入考虑，例如说在6件事情里面，施加责骂的次数大概只要1次就好，给予赞美的次数则要有5次之多。

绝对不要让施加责骂和给予赞美的次数相同，或者是施加责骂的次数远比给予赞美的次数还要来得多。

难道施加责骂不会比较容易促使人成长吗？

做出好事
↓
赞美
↓
做出坏事

“我才刚称赞他，他就马上给我做坏事！”（？）

做出坏事
↓
责骂
↓
做出好事

“我才刚骂过他，他就乖乖听话做好事！”（？）

心理学者谢弗所提倡的理论：
小孩子会以几乎相同的频率，
不断重复做出“好事”和“坏事”
好事→坏事→好事→坏事……

“如果不施加责骂的话，小孩子就会做出坏事。”这种想法其实只是父母的误解罢了。

在情人很少打电话过来的时候也可以应用

同样的道理，也可以应用在谈恋爱上面。

就算是和你关系最亲密、距离最接近的恋人，既然会做出让你开心雀跃的事情，同时偶尔也会做出让你伤心难过的事情吧。

即使是男朋友不打电话过来给你的时候，也绝对不可以使用责骂对方、发泄怒气的说法，就像是：

“为什么最近你都不打电话过来给我呢？！”

或者是：“这阵子，你都没有打电话给我呢。”

因为，一旦你使用了责骂的说法，不用猜也知道接下来两个人就要开始大吵特吵了。而且，就算万一对方在这种情况下愿意低头对你说：

“我知道了啦。以后我会打电话过去给你的。”

这么一来，男朋友打电话给你这件事情，就会变成你说服对方要进行的“义务”，对方会逐渐地感到被逼着打电话这件事情很痛苦，对方对你的感情，想必也会一天一天地慢慢疏离冷却吧。

所以，请试着照这样子说说看。

“以前，有一次你曾经特别打电话过来跟我说：‘我只是想跟你说几句话而已……’那个时候，我心里非常高兴呢。”

像这样，以赞美的形式向对方传达自己的心意，对方一定会不断地在心里回味着“自己的存在价值”和“你所传达的喜悦”。

借由使用赞美代替责骂，男朋友应该会慢慢变得像以前一样常常打电话给你的。

同时也可以应用在你的部下身上

这个道理，也一样可以应用在工作上面。

当你想要告诫部下的时候，也得先不动声色地忍在心里，一直等到部下终于做出任何好事情的时候。

然后，就要看准这个时机说：

“你都没有犯错呢！实在是做得太好了！”

请你像这样适时给予赞美。

如果迟迟等不到赞美部下的时机，在这种情况之下，也要像上述道理所言，告诉部下：

“之前那份工作你真的做出非常亮眼的成绩，我对你那次杰出的表现，有相当高的评价哦。”

所以无论如何，绝对不要对部下说：“以前你不是工作表现很好吗？那个时候优秀的你，现在是消失到哪儿去啦？”

或者是：“我很期待现在的你，能够再次像以前的你一样精明能干！”

因为，不论是其中任何一种说法，都会让部下听了心里觉得“现在的我很糟糕”。

赠送礼物的一方，也会感到很愉快

当然，就像先前所说的理论，无论是采取责骂或赞美，都没有办法在一时半刻改变对方，收到立竿见影的效果。

所以，不管是责骂或赞美，一定都会随着时间的演变，慢慢地在对方的心中累积。

即使是在第一次称赞对方的时候，却看不出对方有任何改变，也绝对不要感到灰心、气馁，而放弃继续称赞对方。

无论是采取责骂或赞美，因为你预先在心里期待着对方能够立刻做出改变，才会因此感到大失所望，而使彼此之间的人际关系更加复杂麻烦。

其实，事情可以变得更加简单。

“因为我率先主动赞美对方，所以对方也露出笑容回应我。光是看到对方的笑容，我就已经得到充分的奖赏了。”

只是换个想法，应该就能够使你的心情更加平稳沉静。

然后，借由持续赞美对方，促使对方的行为态度愈来愈朝着好的方向发展。到最后，两人之间就能够建立起良好的人际关系。

“礼物游戏”就是绝招！

率先主动赠予对方充满喜悦的礼物，然后，把这件事情当作专属于自己的游戏。只要你试着做一次看看，令你无法抗拒、沉迷不已的快感，就会如潮水般席卷而来。

试着思考看看“为什么会想要发火？”

“小孩子做了坏事。”

“男朋友渐渐不打电话给我了。”

“部下老是一直犯错惹事。”

在这种情况之下，为什么人会想要发火呢？

原因就是，**想要借由向对方发泄怒气，来消除自己心中所产生的自卑感**。

小孩子就等同于是自己的分身。自己的小孩之所以会做出糟糕的事情，你会认为连生下小孩子的自己也是个糟糕的人。

因为男朋友不打电话给你这件事，会让你想到自己的存在，是不是在男朋友的心中无足轻重。

因为部下犯错惹事这件事，好像就是在说你身为上司却没有指导能力，可以好好地栽培提携部下。

人们为了想要消除这些自卑感，所以才会向别人发泄怒气。

结果说到底，发火的理由还是为了自己。

就算是想要借由大动肝火、破口大骂，来消除自己的自卑感，效果也只是一时的。

想要发火的理由就在自己的心中

为什么人会想要发火呢？

“小孩子不肯乖乖听话。”

↓

因为小孩子是自己的分身，

所以会认为连自己都是个糟糕的人。

“情人都不打电话过来给我。”

↓

是不是因为自己的存在，在对方的心中无足轻重呢？

“部下犯错惹事。”

↓

好像就是在说你身为上司却没有指导能力。

其实怒气的源头，正是出于自己心中的自卑感。请谨记在心，即使是向别人发火，也无法消除自己心中的那份不安。

长时间向别人发泄怒气，不光会摧毁破坏两人彼此的人际关系，甚至也会使你的内心产生裂痕。

请你再试着思考一次看看就好。

心里感到痛苦万分的人，不是只有你自己一个人而已。

即使是做出坏事的小孩子。

即使是无法打电话给你的男朋友。

即使是犯错惹事的部下。

每个人都在自己的世界里面，拼命地想要生存下去。

他们之所以做出那些事情，绝对不是为了指责或怪罪你的不是。

请你暂时搁下想要生气的满腔怒火。

然后，无论是多么微小的事情也好，请借由这件事情，赠送给对方一句赞美的话，使他为此由衷地开心，因而也受到鼓舞。

因为，其实每个人的心里，都一样会感到孤单寂寞。

Lesson
08

这种做法有利于交涉

让对方敞开心胸是最基本的做法

首先请你试着思考看看以下这种情境。

“现在，你正在和你最喜欢的人一起吃饭，你想要趁这个机会，让两人彼此之间的关系变得更加亲密。那么，在这种情况之下，应该要谈些什么话题，才能使两人的距离愈来愈接近呢？”

这次，我即将要介绍给大家的技巧，就是能够在这种情况之下，促使对方向你敞开心胸“最基本的做法”。

如果读到这里，你的反应是：“竟然有这么好用的技巧呢？我都不知道。”那当然请你务必要继续读下去。即使你的反应刚好相反：“我早就知道了啦，这不是很自然地就会知道的事情吗？”也请你试着继续往下读，确认看看你自己的想法，是不是刚好跟我要介绍的技巧一模一样。

我将这项作战技巧的主题定为：“乔治和玛莉的心情，其实正好是一样的？！”

请怀着轻松愉快的心情慢慢地读下去吧。

对其中一个人赞不绝口，对剩下的另一个人恶评连连

那么，在这里我即将要介绍的是美国的心理学者福加斯（J.Forgas）和鲍尔（G. Bower）所进行的一项实验。

实验者让受试者们接受“性格检验”。

然后，“不管受试者们实际上做出了什么回答”，实验者在预先设定好的两种检验结果之中，随机选择其中一种告诉受试者，当作受试者接受性格检验所得到的结果。

实验者预先设定好的两种检验结果之中，其中一种是告诉

受试者："你的性格检验结果好得惊人。结果显示，你是个人格相当杰出的人。"

剩下的另一种就是，告诉受试者："你的性格检验结果实在是糟糕到不行。简直可以说，像你这种性格差到完全找不到优点的人，这几年来已经很少见了。"（说法多少有些夸大其词。）

换句话说，实验者借由告诉受试者们这两种结果，使听到前面那种结果的受试者"心情很好"，使听到后面那种结果的受试者"心情很差"。

那么，受试者们在听过这些性格检验结果之后，今后这些性格评价会如何影响受试者们，使他们的行动产生什么变化呢？

"和自己相同的人事物"比较容易理解接受

实验者先让受试者们听过自己的性格评价之后，接着再让受试者们阅读关于4个人物的说明短文。

说明短文的内容总共有两种类型，第一种就是下述这种正面的描述：

"乔治总是很认真读书。"

"大家都称赞琳达是一个正妹。"

至于第二种就是下述这种负面的叙述：

“玛莉有顺手牵羊的坏习惯。”

“哈利整天找人打架，劝也劝不听。”

然后，实验者要求受试者们必须在理解短文所说的内容当下，立刻按下按钮。

也就是说，实验者们要借由这些实验步骤，分析调查“受试者需要多久的时间，才能够理解短文所说的内容”。

结论就是：

首先，“**心情很好**”**的受试者，整体上而言，理解短文内容的速度，远比**“**心情很差**”**的受试者快得多。**

就像是在心情很好的时候，读起书来也特别顺利有进展，是相同的道理。

然后，接下来要说的才是重点。

如果把内容正面的短文和内容负面的短文，各自分开来比较的情况如下：

“心情很好的人，读起内容正面的短文”理解速度比较快，“心情很差的人，读起内容负面的短文”理解速度比较快。

换句话说，实验结果显示，在心情和短文内容“同样”处于正面或是负面的状况之下，短文内容比较容易让人理解接受。

随着心情状况不同，容易理解接受的资讯也会跟着改变

心情很好的时候

比较容易理解接受正面的词句。例如：“努力不懈的人”“魅力四射”“得到幸福”，等等。

心情很差的时候/气馁消沉的时候

比较容易理解接受负面的词句。例如：“有顺手牵羊的坏习惯”“整天找人打架”“生活困难艰苦的人”，等等。

得到正面评价的人，会想要收集“得到正面评价的其他人”的资讯，用来加强自己的自信心。

得到负面评价的人，会想到收集别人的“负面资讯”

看到和自己立场相同的人，使人感到安心

无论是任何人，在身陷于忐忑不安的情况之下，会借由接近“和自己处于相同立场的人”，把自己跟立场相同的人互相比较，以消除自己内心的忐忑不安。

这就叫作**“社会比较理论”**。

虽然接下来要谈的事情有点离题，但是当你感到很气馁消沉的时候，与其选择唱能够鼓舞心情的“快乐歌曲”，不如选择唱能够抒发你低落情绪的“悲伤歌曲”，可以更有效果地使你的心情好转。

所以，得到负面评价的人，会比一般人产生更强烈的意识，想要去收集别人的负面资讯。

然后，得到正面评价的人，因为没有办法知道这份正面评价究竟是真是假，所以会想要借由收集“得到正面评价的其他人”的资讯，和自己互相比较，用来加强自己的自信心。

只要配合对方改变说辞，就能够得到大量募款

而且，根据对方的心情状态，改变不同的“募款”说辞，募得款项的成功率就能够大幅提升。

换句话说，面对心情愈是气馁消沉的人，就要说：

“为了帮助生活贫苦艰困的非洲人，请您捐献一点善款吧。”

然后，面对对自己的评价愈高的人，就要说：

“请把您的幸福快乐，也分送一点儿给他们共享吧。”反而募得款项的成功率会比较高。

假设某一天你走在街上，前面有个人迎面对你说“请分享一点儿您的幸福快乐”这种情况也就算了。如果对方是对你说“请您帮助生活贫苦艰困的人”的话，总会让人觉得心里五味杂陈。

顺带一提，我实际上真的碰过这种事。

在高级俱乐部接待客户，是合情合理的事情

在工作上谈生意的时候、追求别人的时候，其实都是在“投其所好”。

在双方想要达成共识的时候，无论是想要进行游说的那一方，或者是考虑接受游说的另一方，基本上都要把谈话的内容导向正面积极的方向。

承上所述，**为了使对方愿意抽空听你说话，甚至考虑接受你的要求，首先必须要做的就是，引导对方朝向“正面的心情”发展。**

所以，不管是在工作中“接待客户”的时候，或者是想要

追求别人“进行约会”的时候，通常都会特别把对方带到高级的地方，招待对方享用丰盛美味的大餐。

“混账家伙，要是不肯砸下这笔钱，生意怎么可能谈得成啊！”

当部长如此破口大骂，想把俱乐部开出来的20万日元收据拿去报账的时候，从某种意义上来说，部长所说的话在心理学上是讲得通的。

不过，万一那张收据得自己吞下去的时候……

即使你对我说：“都是因为这本书里面这样写的，所以我才这么做的！”我也没办法帮你负起责任。

使对方开怀大笑，心情变好再提出要求

所以，如果你想要追求任何人的话，**首先要引导对方的心情朝“正面积极”的方向发展**。

就像方才所说的，假使你有能力带对方去高级的地方享受的话，这就是最好的选择；但是如果你做不到的话，**至少要在“言谈”上引导对方的心情朝“正面积极”的方向发展**。

具体地举例来说，就像是“**逗得对方开怀大笑**”，或者是“**赞美褒扬**”。

至于你想要怎么出招都没有关系。

不管处于任何情况之下，在你打算直截了当地开口追求告白之前，一定要事先采取一些行动，让“对方的心情变得

正面积极”。

虽然“无论胜败，勇于尝试”确实是非常重要的心理准备，但是这个说法在心理学上一点儿也讲不通。

如果要把这句话修改得更好一点儿的话，就是**“事先采取一些攻势，接着继续乘胜追击”**。

假设……

就算你使出浑身解数招待对方，对方却看起来一点儿都不乐在其中，碰到这种情况的时候，究竟该怎么办才好呢？

其实接下来要介绍的重点，就是能够应对这种情况的技巧。

那么这种方法，到底是基于什么道理进行的呢？

如果对方很负面的话，你也要从负面的入口进攻

换句话说，如果你感觉到对方的心情变得很“负面消极”的话，就要切换成负面的话题，把负面的话题当作“入口”来进攻。

最好的选择，就是采取“商量讨教”这种形式进行攻势。

你要率先积极主动地向对方说出，对你而言非常负面消极的资讯，借此来引起对方的兴趣。

对方就会认为是“你在找他商量事情”，所以觉得“你很依赖信任他”，这样肯定不会让他心里感觉很差。

借由让对方为你提出建议，对方的心情也会慢慢地变得正

面积极，只要你看准时机，在那之后进行“追求”或者是“谈生意”，成功率就会大幅提升。

“你听我说，我有点事情想跟你商量。因为对象是你，所以我才会来找你商量……”

然后，在听完建议之后立刻接着说：

“咦？原来是我想太多吗？啊，真是太好了。我稍微安心一点了。我跟你说，还有啊，我……”

像这样子，把话题带到坦白自己心里的负面消极，对方和你之间的距离也会大幅拉近，所以你提出的要求被对方拒绝的可能性，就会降低许多。

而且如果是在谈生意的情况之下，就不可以把话题全部集中在跟工作有关的事情，最好把话题稍微拉远一点儿，效果会比较好。

“其实，我最近高尔夫好像愈打愈差了。”

“虽然我深刻地感觉到非得读一些对工作有帮助的书才行，但是我不知道究竟要选什么样的书才好。”

当然，也不是说只要你想要的话，随时随地都可以找对方商量事情。

当双方正好谈得相当热络，对方的心情已经慢慢地变得正面积极许多，你却挑在这个时间点说出：“其实有件事情想向您请教……”刻意把话题拉到沉重烦闷的地方，反而会造成反效果。

“在高级餐厅接待客户”其实是有道理的

“使对方接受谈判”

使对方接受对他有利的提案

最重要的是，要使对方的心情变得正面积极

招待对方享受丰盛美食
说笑话逗对方开怀大笑
赞美褒扬使对方心情好
……

当你感觉到对方的心情依然很负面消极的时候……

采取“商量讨教”形式，率先提出自己心里负面消极的部分，请对方提出意见，就容易进行谈判、说服对方！

最重要的就是：要让对方慢慢地走向你。

明明双方彼此在心情上的距离依然相当遥远，在这种情况之下，你却厚着脸皮向对方请求事情。天下再也没有比犯下这种错误，还要更轻率鲁莽的事情了。

首先非得要自己主动坦白

承上所述，这次的主题总结就是：

在你打算追求别人，或者是谈生意之前，一定不要忘记先“赞美褒扬对方”“使对方开怀大笑”。最重要的事情就是，引导对方的心情朝“正面积极”的方向发展！

然后，如果情况不允许，无论如何都无法做到这点的话，就要率先主动让对方看见自己心里负面消极的部分，借由“商量讨教”的形式进入话题，将对方的心慢慢地拉向自己！

就是这么一回事。

“关爱或坦白”就是绝招！

如果你期望得到对方的“关爱”或“坦白”的话，首先必须要从你自己率先主动开始做起，让对方看见你展现正面积极的心情，也就是“关爱”；或者是向对方展现平常你会选择向别人隐藏的“坦白的自己”。

爱就是勇气

想要率先主动走向对方，其实需要很大的勇气，才有办法做到这件事。

但是，如果你不试着采取什么行动的话，事情绝对不会有任何进展。

恋爱的基本原则就是“先从自己开始坦白一切”。

在你想要提出种种要求，或者是满腹怨言之前，请再一次想起这件重要的事情。

Lesson 09

利用不同的方式呈现选项，就可以得到想要的回答

明明就只差这么一点点而已，却没有办法说服对方

“我提出的这个企划难道行不通吗？请问，究竟有什么地方让您觉得不满意呢？”

“这个嘛，哎，就是个感觉，具体来说，我也说不上来……”

“你还是不愿意跟我交往吗？”

“对不起哦……我也不知道该怎么说，就是没有办法……”

明明就只差这么一点点而已，在提案会议或追求别人的时候，偏偏就缺临门一脚。

每个人应该都曾经尝过这种令人扼腕的滋味。

接下来在本节里面，我即将把一种技巧传授给大家，使你能够切实地开拓出“更进一步的机会”。

请你怀着轻松愉快的心情，继续读下去。

坚持选择保险安全的选项，还是放胆锁定大爆冷门的黑马

那么，请借由下述的假想状况，一起来思考看看这个问题吧。

现在，你贵为一国的总统。

你的秘书脸色大变、气喘吁吁，用尽全身的力气，全速冲刺到你的面前。

秘书：“总统！我国国民全部都染上了绝症‘动物病’。如果得了这种病却放着不进行治疗，不用几天病人一定会病死。”

总统：“竟然发生了这种大事！那么，我们国内已经有多少国民染上动物病了？”

秘书："人数全部加起来，共有600人，等于是我国全部的国民通通都得病了。"

总统："什么？！我国国民的人数都已经少得可怜了。"

秘书："总统，请不用担心。最近，已经有医生开发出治疗动物病的方法了。

"第一种是'鼯鼠疫苗'。

"如果在全国国民身上注射这种疫苗的话，就一定会有200人能够得救。

"另外一种是'白颊鼯鼠疫苗'。

"如果注射这种疫苗的话，虽然确定有1/3的概率，600人都能得救；但是有2/3的概率，全部的人通通都会死光光。"

总统："怎么会有这种事？也就是说，看是要坚持选择保险的方式，要不然就是冒险押在黑马身上吗？"

秘书："总统……请你不要把人命关天的事情，比喻成赛马好吗？"

那么，如果你是总统的话，你会选择哪一种方法呢？

干脆横了心做出牺牲，还是赌赌看会不会大爆冷门

我想，或许大部分的人，都会选择使用感觉上比较保险的"鼯鼠疫苗"吧。实际上用相同的问题进行了问卷调查，结果显示，有七成的人，一样会选择感觉上比较保险的选项。

那么，接下来要试着把状况做点改变。

秘书：“报告总统。我国国民染上‘动物病’这件事情，只是个错误的消息。”

总统：“搞什么乌龙？不过真是让人松了一口气……”

秘书：“其实，正确的病名应该是‘超级动物病’才对。果然一样，不用几天，全部的人一定通通都会死光光。”

总统：“你说什么？！”

秘书：“我国国民的总人口共600人，全部都会挂掉。”

总统：“呜……我国国民的人数都已经少得可怜了……”

秘书：“总统，请不用担心。最近，已经有医生开发出治疗超级动物病的方法了。

“第一种是‘鼯鼠疫苗α’。

“如果在全国国民身上注射这种疫苗的话，就一定会有400人会挂掉。

“另外一种是‘白颊鼯鼠疫苗α’。

“如果注射这种疫苗的话，虽然确定有1/3的概率，任何人都不会死；但是有2/3的概率，600人全部都会死光光。”

总统：“咦……也就是说，看是要干脆横了心牺牲大部分的人命，要不然就是赌一把看看，最后会不会大爆冷门吗？”

秘书：“总统……你那个比喻，很像在讲玩吃角子老虎机耶……”

那么，如果是在这种情况之下的话，你会选择哪一个选项呢？

只是换个说法，就能够改变心情

我想，或许在这种情况之下，几乎大部分的人，都会选择使用大爆冷门的“白颊鼯鼠疫苗α”。

在这里，也同样采用相同的问题进行了问卷调查，结果显示，有八成的人，一样会选择大爆冷门的选项。

可是，读到这里要请你仔细思考看看。其实这两种提问的方式，所说的内容根本是完全一模一样的事情。不过，只是单纯地在呈现选项的提问方式上面有差别。也就是说，一个选项是以“生存”为主轴，另外一个选项则是以“死亡”为主轴。

像这样利用不同的提问方式，就能够影响改变别人的思考结果，这就叫作“**框架效果**”（framing effects）。

换句话说，假使要将到此为止的说明，做个浅显易懂的结论，就是：

“如果在先呈现出来的选项里面，告诉你确实会带来的利益，之后你就会很难做出冒险的选择。”

但是，**“如果在先呈现出来的选项里面，告诉你确实会造成的损失，之后你就会容易做出冒险的选择。”**

事情就是这么一回事。

利用不同的方式呈现选项，就可以得到想要的回答【1】

以“生存”为主轴的提问方式

“这个鱼缸里面的金鱼，6条之中有两条一定会活很久！”

“这个鱼缸里面的金鱼，全部都会生存下来的概率是三分之一。”

如果在先呈现出来的选项里面，告诉你“确实会带来的利益”，之后你就会很难做出冒险的选择。

利用不同的方式呈现选项，就可以得到想要的回答【2】

以“死亡”为主轴的提问方式

“这个鱼缸里面的金鱼，6条之中有4条肯定绝对会死掉！”

“这个鱼缸里面的金鱼，全部都会死光光的概率是三分之二。”

如果在先呈现出来的选项里面，告诉你“确实会造成的损失”，之后你就会考虑做出冒险的选择。

如果不强调负面损失的话，就无法衬托出利益

承上所述，如果你想要在提案会议上推动通过新企划的话，**首先必须向大家说明“现在公司承受的损失”，接着再告诉大家“新企划内容能够为公司带来的利益”**。

“在过去这份原本的旧企划中，确实已经导致贵公司错失良机，甚至连××这点利益都无法获得。这件事情对贵公司来说，无疑是莫大的损失。但是，如果贵公司采用本公司这次倾力推出的新企划，一定能够为贵公司拓展更宽广的市场，获得更庞大的利益。”

就算是一时恍神，也绝对不可以说：“虽然至今，贵公司确实已经获得××这么多的利益，不过如果是本公司推出的这份新企划……”

假使大家一听到你这样子的开场白，几乎大部分的人会在心里面想着：“既然这样的话，就继续照着旧企划去做也没关系。”

大家是不是以前也曾经犯过相同的错误呢?

我能够帮助填补你的损失

相同的道理，也可以同样应用在追求别人的时候。

首先要告诉对方“现在承受的损失”

糟糕的提案方案

虽然至今已经获得足够的利益，但是新企划……

➡ 大家会认为“既然如此，照样也没关系”。

聪明的提案方式

过去的旧企划，已经错失获得利益的良机。至于新企划，则能够拓展更宽广的市场！

现在承受的损失 ➡ 新提案的利益。照这样的步骤进行提案，对方会比较容易接受。

总而言之，先明确地整理罗列出现在使对方困扰的负面损失，之后集中火力表现自己的优点。

换句话说，首先要问出现在对方心里怀抱的烦恼和不安。

“我可以体会你现在怀抱的那份不安。但是，如果是我的话，就有办法填补你内心的不安。”

假使你没有提到一点对方心里的不安和烦恼，就想要进一步往下谈：

“如果你跟我交往的话，我会让你比现在更加幸福快乐。”

像这样子追求对方的话……

“咦？可是照过去本来的相处方式，我就已经觉得很快乐了。”

对方就很有可能会在心里这么想，然后拒绝你的追求。

要死还是赌一把的商谈技巧

承上所述，这次的主题总结就是：

如果你想要用更强劲的力道推动对方的心情，首先必须明确地强调现在对方正在承受的负面损失，在那之后，再全力向对方推出新的提案，帮助对方填补他的损失！

“要死还是赌一把”就是绝招！

任何人都不愿意选择承受确实会造成的负面损失。

在这种情况之下，如果眼前有个可以赌一把挑战成功的机会，任何人都会禁不住想要豁出去试试看。

绝无仅有的每一个瞬间

即使是已经抱有必死觉悟的人，如果身陷于快要被别人杀掉的情况之下，还是会拼死拼活抵抗求生。

或许，将来某一天，你自己也会碰上这种关键时刻，非得下定决心做出足以颠覆人生的重大抉择。

如果此刻你犹豫不决、举棋不定，请试着这么思考看看。

“如果此时此刻，我错过了眼前这一个机会，临死之前我会感到后悔吗？还是说，现在就豁出去赌一把试试看吗？”

每个人的人生，一定都有走到终点的一天。

就算你多么想要试图遗忘这件事，死亡必然会平等地降临。

所以，请你绝对不要逃避每一分每一刻。

请你在人生中绝无仅有的每一个瞬间，做出将来不会在心里留下遗憾的选择。

Lesson 10

“传达心意的话语”的使用方式

你心中的话语，好好地传达给对方了吗

“我不知道到底要怎么样告白才好。”

“虽然我已经试过各种说法，但是好像都无法把自己的心情传达给对方知道。”

请问你是不是曾经烦恼过这种问题呢？

这次，我即将传授一种技巧给大家，借由专业级的游说说辞，把语言产生的威力大幅提升。

主题就是，“美食漫画和语言的魔术”！

请怀着轻松愉快的心情，慢慢地读下去。

竭尽所能使用语言表达美味

虽然这么说很突然，但是请问大家有没有听过一部以美食为主题的漫画，叫作《美味大挑战》？

在《美味大挑战》这部漫画出现之前，翻遍美食漫画的历史，都只是单纯地使用“好好吃”“味道好棒”这种简略的表现方式来形容食物究竟有多么美味。而《美味大挑战》可以说是首次创造出划时代的表现方式，也就是“使用语言表达美味”，因此成为美食漫画史上革命性的代表作品。

这部漫画中的登场人物们，无论是在品尝鱼肉、拉面、牛排、汉堡，任何食物的时候，一定都会使用“说明”或“比喻”来表现食物的味道。

而且绝对不会只用简单的一句“味道好棒！”或者是“好好吃！”就随便带过对食物味道的描述。

这部美食漫画中最广为人知的名言，就是“味道相当温醇，但是吃起来口感又不会太腻”。

虽然几乎每个人都曾经听说过类似的说辞，但是实际上却没有任何人品尝过这种如梦似幻的美味。

我也已经累积了某种程度的人生经历，不过实际上在品尝任何食物的时候，我没有一次觉得：

“哇！这个味道真是相当地温醇，而且口感又不会太腻！”

倒是有很多次不幸碰上这种味道：

“只要吃上一口就知道有多么恐怖，味道浓到腻死人。”

在《美味大挑战》这部漫画里面，还有其他各种传达食物美味的表现方式。

即使只是吃一碗中华凉面，关于食物味道的说明依然是无穷无尽。

“喔？这个汤底熬得真是好得没话说。如果不是使用真材实料的食材精心制作出来的调味料，根本不可能做出这种轻盈爽口的味道。嗯？搭配中华凉面的猪肉也制作得恰到好处。这种味道是……”

这部美食漫画就是像这样，边吃边配上冗长的解说，甚至让读者禁不住想吐槽：

不要再啰里啰唆一大串，快点吃就是了。

到底具体来说有多好吃、有多强劲

在《美味大挑战》之后所推出的各种美食漫画，都继承了《美味大挑战》率先创造的“表达美味的方式”，也就是使用说明和比喻表现食物的味道。

像这样，这部美食漫画中的登场人物，全部都具体地使用语言来进行“表达”食物的美味，在心理学上可是具有实质意义的。

实际上，假使在《美味大挑战》里面，登场人物只是简单地说了一句“好好吃……”之后，就沉默不语、埋头苦吃，读者应该会觉得很无聊，根本没有兴趣继续往下读。

再说到其他类似的例子，就像在格斗漫画里面，坏人角色在登场的时候朝天咆哮着：

“我超强的！”

也是一样的道理。

就算他自己说他很强，如果不具体地表现出来“到底强到什么地步”，绝对无法说服读者，这个坏人角色真的很强。

实际上，在心理学上已经得知，**“使用浅显易懂、简单明了的表现方式，说服成功的概率较高”**。

这就叫作“鲜明效果”。

浅显易懂的表达方式正是最有力的武器

那么，请你试着想象看看。

“这个商品，可以大幅改善你以往一成不变的生活方式，让你的人生更加多彩多姿、充满乐趣。”

与其拿出这种笼统抽象的说辞来推销商品：

“这个商品，可以让你的寿命延长5年。”

还不如使用这种具体的说法进行推销，才更加有可能引起消费者的兴趣。

再另外举一个其他的例子，“虽然，现在本公司暂时落后其他的企业，不过，如果下一期力推这项新商品，就能够使获利率提升20%，大幅拉开差距。”

与其采取这种拐弯抹角的说明方式，“如果用‘龟兔赛跑’来比喻的话，此刻的本公司就是乌龟。但是，明年我们一定会拼命努力追过兔子给大家看。”

还不如使用这种简单明了的说明方式，才能够更加强烈地在听者的心里留下深刻的印象。

再进一步地举例说明，即使是在你要向对方告白的时候，如果你只是单单说一句“我喜欢你”，对方应该也会烦恼着不知道要怎么回答你才好。

原因正是因为，对方“无法得知你究竟喜欢她什么地方”。

人类“一旦无法得知对方的心情，就会感到不安难耐”。

反过来说的话，只要是愈能够确实清楚地传达自己心情的人，同时就能够给予对方愈强烈稳定的安心感。所以，到最后对方一定会慢慢地变得愈来愈喜欢你。

所以说，作家很受人欢迎

所以，**在你想要传达任何事情的时候，总而言之，要记得使用“浅显易懂”“具体实际”的说法。**

实际上，广受欢迎的人，平常都是毫不犹豫地把自己的情感，清楚明确地化为语言传达给对方。

当然，如果基于这种原则表达情感的话，偶尔就会出现：

“对我而言，你是我的天使。”

“只要注视着你的双眸，就让我感到好安心。”这种让人鸡皮疙瘩掉满地的说辞。不过就算是说出如此肉麻老套的话，也远比沉默不语、木讷寡言的人好上数百倍。

当对方听到你说这种话的时候，即使一开始会在心里觉得：

“哈哈哈，你在说什么鬼话啊？”

不过，说来也很不可思议，这些话语竟然会在不知不觉之间造成影响，使对方慢慢地受到你的吸引。

这些全部都是“鲜明效果”所带来的心理效应。

自古以来，作家和诗人通常都很受人们欢迎。

或许可以说，这无非是因为，作家和诗人都是擅长使用语言，清楚明确地表达心情的专家。

明确地传达出“自己的心情”
对方会感到比较安心
我喜欢你。
……
对方无法得知你究竟喜欢她什么地方
不安
我喜欢凡事积极
努力的你。
对方心里认为你相当地关注她
开心

儿童、动物和性爱

话说回来，实在没有必要刻意使用极具文学艺术性的表现方式，或者是帅气洒脱的说辞。

其实，这种方法实行起来非常简单。

仅仅只要在你想要传达的话语之前，先加上一句“好像××一样”用来具体地比喻说明你当下的心情。

然后，接下来就要说到重点了。

根据种种心理学的实验调查，最后研究结果显示，在电视广告的世界之中，**人类普遍会被包含“儿童”“动物”“性爱”的资讯所吸引，展现出特别浓厚的兴趣。**

这项心理效应，也可以同时应用在告白等其他类似的情况。

所以，用来比喻你内心情感的说辞，最好要记得包含这3种吸引人的要素，才会造成比较高的心理效应。

举例来说，就像把下述几个例句，换成更加具体的比喻说法。

〈儿童〉

“今天玩得好开心。”→**“今天的我，就好像在平安夜里等不及圣诞老人送来礼物的小孩一样，玩得好开心。”**

或**“我的心脏扑通扑通地跳个不停，就好像第一次去远方**

旅行的时候一样，感到雀跃万分。”

〈动物〉

“我觉得好孤独寂寞。”→**“我就好像被滂沱大雨从头到尾彻底淋透的小狗一样，觉得好孤独寂寞。”**

“我实在太高兴了。”→**“我已经高兴得像只蹦蹦跳跳个不停的小狗一样。”**

〈性爱〉（身体感觉）

“我好开心。”→**“我开心得禁不住全身颤抖。”“我开心得快要流下眼泪。”**

“我很幸福。”→**“幸福到让我浑身起鸡皮疙瘩。”**

当然，除了这3种吸引人的要素以外，

“我能够出生，活在这个世界上，真的是太好了……幸福到令我衷心地这么认为。”

像这样子，使人联想到整个人生的比喻方式，也能够达到相当高的心理效应，称得上是一种非常好的说法。

孩童时期的实际体验，效果绝佳

当然，如果做得太过头的话，肯定会造成反效果。

所以，最理想的频率是，在一次的约会或对话之中，使用一次比喻就好了。

其中，会使人回忆起“孩童”时期的比喻，更是效果绝佳。

“好像第一次看到皑皑白雪的时候一样地令人感动。”

“好像第一次滑雪却狠狠地摔了一跤的时候一样地痛到不行。”

“好像第一次搭飞机的时候一样地觉得不安。”

毕竟每个人都曾经是个小孩，像上述这种“孩童”时期的故事，是对任何人都适用的共通体验。

这在心理学上就叫作“**发展期经验**”。

如果你能够自然顺利地将这份情感和别人共同分享的话，对方就会慢慢地和你相处得愈来愈亲近。

更进一步地说，如果对方先开口问你：

“咦，第一次搭飞机的时候，感觉起来真的有那么恐怖吗？”

你就可以看准这个时机，顺着对方的问题，很自然地提起孩童时期的故事，回答对方说：

“对啊，因为在我以前还很小的时候……”

对人类而言，主动率先向对方谈起自己的亲身体验，依然还是接近对方内心的最短捷径。

也就是说，这招能够带来一石二鸟的效果。

用“好像××一样”来比喻，把心情传达给对方

只要使用关于儿童、动物、性爱的说法表现情感，就能够更加强烈地引起对方的兴趣。

【儿童】
好像第一次看到雪的时候一样感动不已。

【动物】
好像一只蹦蹦跳跳的小狗一样开心雀跃。

【性爱】（身体感觉）
幸福到让我浑身起鸡皮疙瘩！

由于比喻使脑中容易浮现具体的情景，之后双方就能够谈得越来越热烈！

将率直的情感化为语言

承上所述，这次的主题总结就是：

如果你想要确实掌握对方的心意，就要在你把自己的心情说出口之前，先加上一些浅显易懂、具体实际的比喻！

尤其是能够使人回忆起孩童时期的表达方式，更能够有效而且深刻地传达到对方的内心！

“图画书的话语”就是绝招！

完全没有必要苦苦构思复杂深奥的追求说辞。

世上处处充满孩童和动物的故事。就像每个人小时候都曾经读过的图画书一样，只要把率直的内心情感或者真实的亲身体验，直接化为言语传达给对方就可以了。

当然，假使实在不好意思当着对方的面说出口，打成短信传给对方也没关系。

无论如何，最重要的事情就是，要把自己的心情传达给对方。

将第一次体验的感动化为语言

第一次亲眼看到的大海、白雪、夜空。

离职或是离校的那一天。

初次的约会……

每个人的心里应该都确实存在着种种的第一次体验，以及那刹那之间所带来的无限感动。

请你借由这个机会，试着再一次回想看看。

那个时候的你，到底说了什么话呢？

Lesson 11

过于焦虑反而会带来不好的结果

面对深夜不归的情人，你会采取什么行动？

虽然这么说显得很突然，在这里要先请教大家一个问题。

你的情人在夜里迟迟未归。

而且，不管你打了多少遍电话，也一直联络不上她。

“她该不会是背着我搞劈腿了吧？！”

当你在心里为此感到焦虑不安的时候，情人终于来电。

“对不起啦，我跟打工的同事一起去喝酒了。”

那么，在这个情况之下，你会对她说什么话呢？

①“开什么玩笑啊！”对她破口大骂。

②“我一直很担心你呢。”如此告诉她。

③“原来是这么一回事，太好了。”这么对她说。

请你先决定好要选择哪一个选项，再继续往下读。

你有没有听过MMR

谈到这个地方，我们要先换个话题。请问大家有没有听说过一部漫画作品，叫作《MMR》？

这部漫画作品在漫画杂志《周刊少年MAGAZINE》上连载，全名叫作《MMR神秘调查班》。

这部漫画最惊人的地方，就是把所有发生的事件，通通和预言家诺查丹玛斯（Nostradamus）撰写的预言诗相互联结，“所以人类会全数灭亡”，竭尽所能地煽动攸关生死的危机感。但是在事件面临结局的时候，危机却依然没有解除。基本上情况一直都绝望到无可救药的地步，令人胆战心惊、恐惧不安。

在种种事件之中最为出名的事件，就是下述的例子。

队员之中有一个人，向大家说了这么一句话：

“最近早上我都爬不太起来……”

如果是平常的话，一般的反应大多只是说：“你最近是不是忙得太累啦？”用一句话就简单地带过去了。但是在这个时候，队长却十分肯定地说：

“该不会是你的生理时钟开始失衡混乱了吧？！”

在队长说出这句话的时候，已经够反应过度、夸大其词了。

但是，故事才不会在这种地方就草草结束。

“原因无疑是，地球上所有人类的身体机能都开始出问题了，所以才会造成现在这种状况！”

“在这本预言家诺查丹玛斯撰写的书上，也有提到关于这个事件的部分！”

“也就是说，人类会全数灭亡！”

咦——

我想换作是连日熬夜、拼命赶工的编辑们，确实是挂掉个无数次都还嫌太少。

当然，就算实际上已经过了世纪末，人类也依然没有灭亡。

人类会主动实践“预言”

但是，绝对不可以对《MMR》的故事内容一笑置之。

假设，现在有一群人，在读过这部漫画之后，受到故事内容影响，因而认真地深信“人类会全数灭亡”。

这群人之中，或许有人会这么想：

“反正人类通通都要灭亡了，在那之前我得……”

然后在这种仓皇失措的情况之下，贸然地采取轻率的行动。

这么一来，这个事件就会在全球各地闹出新闻。

看到这项新闻报道的人，也非常有可能会在心里想着：**“果然都是因为人类快要接近灭亡了，所以社会才会变得这么动荡不安。”**结果在感到异常焦虑不安的情况之下，像闹出新闻的人一样惹出大事件。

到最后，事件所造成的影响不断扩散，引起连锁反应。整个社会因此陷入一片混乱恐惧，就十分有可能会演变成这种状况：

“虽然还没有彻底到人类全数灭亡的地步，不过预言果然还是说中了。”

而且，万一要是某国握有核武器的总统，深信这部漫画中所描述的种种事件，因而这么想：“既然最终都是要走上灭亡一途的话，干脆不如由我亲手……”也不能够百分之百确定地说，完全不可能会发生这种事情。

就像上述的情况所言，**“和预言内容相关的人类，因为受到预言内容的影响，所以导致自己主动按照预言内容，亲手实践预言”。这种状态，在心理学上就叫作“自我应验预言”（self fulfilling prophecy）。**

顺带一提，我在学生时代的时候，有一个叫作幸宏的朋友，正是因为心里认定着“反正世界都要灭亡了”，无论他碰上任何一位女孩子，都抱着乱枪打鸟的心态，随便四处告白。

结果，理所当然地遭到所有女同学的嫌恶，甚至被戏称为“恐怖大王”。

我想，这才堪称是预言家诺查丹玛斯在世界上所造成的最大悲剧。

施暴男性不为人知的意外心情

但是，上述所言的“**自我应验预言**”，对每个人来说，都绝对不是距离遥远、毫无关联的事情。

例如说，最近常常会听到的“Domestic Violence”，也就是家暴。

究竟丈夫是出于什么原因，才会对妻子施暴呢？

丈夫对妻子施暴的理由之一，**就是心里感到相当不安，害怕着“妻子是不是开始讨厌我了”。**

妻子晚归，妻子没有接到我打的电话，总觉得妻子对我说话的语气有些冷淡。

这些细枝末节的小事情，逐渐默默地累积在丈夫的心中。不知不觉之间，丈夫就开始深信着“妻子开始讨厌我了”“妻子肯定想要跟我离婚”，甚至会擅自想象着“妻子绝对背着我在跟别的男人搞外遇”。丈夫因此感到愤怒暴躁，所以动手对妻子施暴。

长久下来，当然总有一天妻子会对丈夫说：“我再也无法忍受下去了！”两人从此分道扬镳。

丈夫看着离自己远去的妻子，心里想着：**“看吧，果然跟我想的一模一样。”**

与其忍耐压抑不安，不如干脆豁出去，一次性把焦虑切得一干二净

施暴的心态，也是一种“自我应验预言”。

对丈夫而言，无时无刻不怀抱着“妻子开始讨厌我了”这项“预言”，和妻子共同生活在一个屋檐下，是沉重到难以负担的痛苦。

既然如此，**干脆由自己主动、率先、亲手采取行动，促使“预言”成为现实，心里反而落得轻松。**

就像这样，因为丈夫在下意识之间这么认为，所以就借由“施暴”的方式，促使预言成为现实。

“正是因为依然深爱着，所以才会施暴”，这究竟是怎么样的心理？

丈夫心里害怕着，妻子是不是开始讨厌我了？

↓

丈夫感到焦虑不安，言行举止显得急躁粗暴

↓

丈夫对妻子施暴。

↓

妻子离开丈夫远去.

↓

丈夫认为：果然和我想的一样。

如果一直怀抱着不安，害怕着“事情会不会变成我想的那样”，下意识之间就会主动采取行动，促使自己担心的事情化为现实。

这在心理学上就称为“自我应验预言”。

与其“被剃刀一刀刀地千刀万剐，受尽折磨凌迟之后，杀害致死”，不如“被一刀利落干净地杀掉”。

或许，这种想法就和施暴的心态非常相似。

但是，几乎在大部分的情况之下，丈夫自己在心里默默酝酿的“预言”，大多数只是错觉罢了。

换句话说，实际上的情况正是丈夫本人亲自拿着剃刀，不断地动手切割伤害自己的内心。

概率应该不会是100%

那么，话题再回到本节一开始的问题。

在你过去的经验中，应该也曾经感受过这种无法压抑的不安。

虽然我非常能够体会独自怀抱着焦虑、感到担心害怕，是多么地令人痛苦难耐，但是不假思索地就直接把你的不安发泄在对方身上，对双方而言都不会是好事。

请你在把自己不安的情绪向对方说出口之前，学会习惯先思考看看：“事情真的是我想的那样吗？”甚至可以更进一步地，请你试着思考看看，“对方正在劈腿”的概率究竟有多少？

不管你认为对方劈腿的可能性到底有多高，应该无法非常肯定地说是“100%”。

那会是70%吗？还是高一点儿，80%左右？或是低一点儿，50%？

如果只要有任何“对方没有劈腿”的可能性，无论对方没有劈腿的可能性是20%，甚至是低一点儿的10%，都请你谨记对方依然有可能确实没有劈腿，再向对方传达你内心的不安。

简单地做个结论，也就是说像选项①那样“只是向对方破口大骂”，绝对是相当不好的做法。

因此在前述的问题之中，最好的正确答案是：

②“我一直很担心你呢。”

借由说出这句话，你心中不安的情绪应该就能够以温和柔软的方式，传达给对方。

当然，③“原来是这么一回事，太好了”是比选项①单纯地发泄自己的怒气来得好。但是，因为这句话无法把“你本身担心得坐立难安”这项事实传达给对方知道，所以会导致对方不知道要反省。

把自己的怒气直接发泄到对方身上，是绝对行不通的

承上所述，这次的主题总结就是：

绝对不可以把自己心中的焦虑不安或愤怒烦躁，不假思索地直接全部发泄在对方身上！

在你采取行动发泄情绪之前，要记得先思考“现在我心中正在担忧的事情，究竟有百分之多少的概率会真的发生”，再

把自己感到不安的心情，用正面的方式传达给对方！

“不安的百分比”就是绝招！

将每一份心意，化为语言

只要短短的一瞬间，就足以破坏两人之间合力建立的关系。

但是，之后残留烙印在心中深刻痛切的后悔遗憾，将会永无止境地持续下去。

假使对方的存在，依然还有一点点吸引你的内心……

在将自己心中的不安，向对方脱口而出之前，请试着再多思考一次看看。

“真的非常谢谢你。”

“我觉得很开心。”

“只要待在你的身边，我就十分幸福了。”

如果在你的内心深处，其实存在着远比不安还更想要传达给对方的心意……

请记得一定要把每一份珍贵无比的心情，化为语言传达出来。

先把温暖的心意好好传达给对方，之后再生气也不迟。

如何好好地传达不安或者愤怒的情感?

你一直联络不上她，担心得坐立不安，她却轻轻地用一句话随便带过：“抱歉，我跟朋友喝酒啦。”

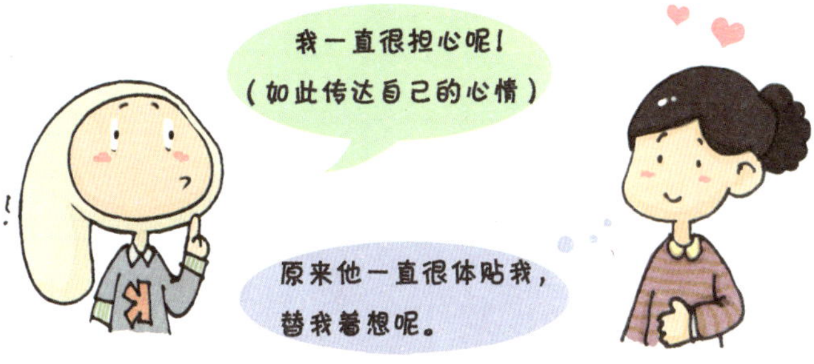

请冷静下来，好好地把你的心情传达出来。如果能再加上一句“非常谢谢你!”或者是“我觉得很开心!”两人之间的关系就会变得越来越好!

Lesson 12

如果对话时，对方沉默不语……

对话突然中断的尴尬瞬间，你面临的5种抉择

那么，问题来了。

假设现在你是一位男性，心里殷殷期盼苦苦等候，好不容易得到机会，和心仪的女性一起在酒吧喝酒。

因为两个人相处的气氛非常融洽，谈得十分热络，所以你决定要更进一步，向她提出私人一点儿的问题。

“通常假日的时候，你会做什么事情呢？”

她听到这个问题的瞬间，突然愣住了。

方才彼此之间顺畅的对谈乍然中断。她停顿了一下子，生硬地回答你：

“呃……其实也没有做什么特别的事情。”

然后，无可避免的尴尬沉默顿时降临。

面对这种狼狈的窘况，你会选择如何应对呢？

①“……”不知所措地就此保持沉默。

②“对了对了，话说回来，你最喜欢AKB48里面的哪一个人？”马上转换到其他的话题。

③“为什么难得的假日，你却什么事情都不做呢？”直接地反问她。

④“原来你是在悠然自得地度过专属于自己的时间呢。”对她这么说。

⑤“我一碰到假日就常常跑出去外面四处玩呢！”笑眯眯地接着说出自己在假日的时候会做什么事情，延续同一个话题。

那么，你会选择哪一种做法呢？

神田同学装聋作哑的时候

虽然这么说很突然，在进入主题之前，我要先讲一个小故事。

在我读小学的时候，有一个跟我同班的男孩子，叫作神田。

只要是碰到任何情势不利于他的状况，他马上就会做出如出一辙的反应，试图蒙混过去。

“喂，神田，你没有打扫，就先偷跑回去了吧？”

“啊——哇——哇——！我听不到你在说什么！”

拜托，还不都是因为你自己在那边大吼大叫，所以才会吵到听不到。

亲眼看到神田同学装聋作哑，我们全班同学都默默地在心里面吐槽。

即使如此，其他的人依旧毫不气馁地继续要求他打扫。

“神田同学，你要记得打扫……”

“啊——啊——啊哇——！”

“记得打……”

“哇——哇——哇——！”

“记得……”

“啊——啊——啊啊啊——！”

“……”

“……”

“幼稚。”

“啊——哇——哇——哇——！”

我想他那夸张惊人的吼叫声，已经到达巴甫洛夫的狗[1]那种境界。

结果，直到大家小学毕业为止，班上还是没有任何一个人可以叫得动他，让他肯拿起清洁用具去打扫。

有些歌曲偶尔里面会加入“啊——啊——”这种呐喊声。每当我听到类似的歌曲，就会禁不住回想起神田同学中气饱满、力道十足的吼叫声，然后在心里想着不知道他现在过得好不好。

那么，我们来稍微分析一下神田同学的行动。他之所以一碰到不想做的事情就大声吼叫，借由装聋作哑试图蒙混过去，可以想见在他的内心深处，怀抱着一种非常强烈的心情，也就是“我完全不想打扫”。

我想，这种事情根本用不着特别去分析，任何人也都看得出来吧。

像神田同学装聋作哑的这种情况，也就是：**自己率先主动用强硬的方式，逼迫自己远离对自己而言不利的资讯，满脑子只是想着要开溜，这种行为在心理学上就称为“逃避”。**

[1] 著名的关于条件反射的实验，对狗进行后天的训练，造成狗会反射性地采取行动。

所以也就是说，神田同学借由自己率先大吼大叫，盖过周围同学们责备自己的声音，装作别人在说什么他通通都没听到，以达成“逃避”的目的。

大家平常应该也会像神田同学一样，做出这种装聋作哑的逃避行为。

如果上司狠狠地劈头大骂你一顿的话——

“啊，昨天吃的猪排盖饭实在腻到不行，我到现在都还觉得不太舒服呢！”你就会像这样子，悄悄地在心里面想着其他的事情。

在你明明即将面临重要的考试，应该拼命用功读书的时候，却毫无来由地思考起“我到底是为了什么才非得读书不可呢？”这样的哲学性问题。

无论是上述任何一种行为，全部都是正在“逃避”自己眼前痛苦的现实，或者是让自己感到厌恶的想法。

如果对方一心只想着逃避的话……

那么，请再翻回去看一下本节一开头的假设问题。

她到方才为止都还有说有笑的，却在你问到关于“假日”这件事情的瞬间，愣了一下才生硬地挤出一句话：“其实也没有做什么特别的事情。”之后她就不再愿意开口说话，只是继续保持沉默。

她所采取的行动，就是一种“逃避”。

在这种情况之下，可以推测出各种理由，解释她为什么选择逃避。

“假日的时候，曾经发生过不愉快的事情。”

“明明是难得的假日，我却只是一直待在家里面，什么事情也不做。对方会认为我是个性格沉闷的女人。”

“其实心里很在意自己没有任何兴趣这件事情。”等等，诸如此类的原因。

无论对方是基于哪一种原因才突然在对话中沉默下来，对方心里已经很有可能怀抱着非常强烈的负面情感。

但是，明明双方一直谈得很热络，对方却突然沉默不语。一旦碰到这种情况，提问的人应该或多或少都会受到打击。

“我是不是说了什么不中听的话，惹她生气了？！”

或者在心里想着：

“她或许是在用沉默告诉我，不要再接近她比较好吧。”

就像这样暗自担心揣测，提问的人会慢慢地对自己说出口的话，变得一点儿自信也没有。

那么，在你碰到这种情况的时候，究竟该怎么应对才比较好呢？

为什么对方突然冷淡回应，导致对话中断？

为什么对方顿时沉默不语？

1. 曾经发生过不愉快的事情。
2. 不希望你认为她是个“沉闷的人”。
3. 对自己没有自信。

……

对方内心怀抱着负面情感的可能性非常大！

如何贴近对方的心情

那么，我们一起来看看选项吧。

①“……”不知所措地就此保持沉默。

几乎大部分的男性都会采取这种行动。

因为女性突如其来的沉默，而使男性的内心遭受打击，所以男性不知道接下来究竟要说什么话，才有办法化解眼前尴尬的窘况，只能跟着一起沉默下去。**但是，这么一来两个人的心情肯定都会逐渐变得低落消沉。实在不能说是个好选择。**

②“对了对了，话说回来，你最喜欢AKB48里面的哪一个人？”

马上转换到其他的话题。

这种反应方式是比选项①好一点。

为了不要追究对方正在逃避的事情，所以立刻转换到其他的话题，试着继续聊下去，可以说是最安全保险的选项吧。

不过，这个选项绝对算不上是最好的选择。应该说，明明想要追求眼前的女性，却偏偏在对方的面前提起女子偶像团体，根本就不是符合情境需求的话题吧。

③“为什么难得的假日，什么事情都不做呢？”直接地

反问她。

这是个相当不好的选项。

因为既然对方都已经用沉默表示她不想继续谈下去，但是你却一直追究这件事情，使得对方只能选择不断逃避。

“我明明就是不想谈这件事情，为什么你非得追问下去不肯罢休？！”

甚至会因为你的死缠烂打，导致对方开始感到焦躁不安。

具体地举例来说的话，就像：

“你没有写作业吗？”

“对不起。我忘记写了。”

“你为什么会忘记啊？”

“就是没有发现而已。”

“你为什么会没有发现啊？”

“……”

上述那种状况与此就很相似。

换句话说，**因为你的不断追究，所以导致状况已经演变成：对方在心里想着“拜托你，不要再烦我了啦！”**

主动接近对方的话语

那么，终于快要谈到最后了。

请你思考看看剩下来的两个选项，究竟该选择哪一个才比较好呢？我们先从最后一个选项开始解说。

⑤“我一碰到假日就常常跑出去外面四处玩呢！”笑眯眯地接着说出自己在假日的时候会做什么事情，延续同一个话题。

选择这种方式回应对方的沉默，实在是没有好到哪里去。

站在对方的立场来说，“明明是难得的假日，自己却只是一直待在家里面”，这个话题已经让对方感到很痛苦了。

如果你再更进一步地告诉对方：“我跟你不一样！”对方的耳朵里听起来是：

“对啦，我就是跟你这种人完全不一样。你就继续一个人待在家里面吧。”你感觉上就很像是在向对方说这种刺耳到极点的话。

假使你想要借由“谈论自己的事情”承接对方生硬的回应，打破沉默继续往下谈，至少也得说：“真的吗？我也是这样耶！”

向对方表示“我跟你是一样的”，情况才会变得比较好。

④“原来你是悠然自得地度过专属于自己的时间呢。”对她这么说。

然后，其实这个选项才是最好的正确答案。

对方愣了一下才生硬地挤出一句话，之后就借由沉默来“逃避”，关闭内心、拒绝交流的时候，无论只是短短的一句话也好：

“我认为你做的事情是很正面的。”

像这样告诉对方，你认同对方的行为。

然后，接着立刻主动转换到其他的话题，继续聊下去。

因为你向对方说了这么一句出乎意料之外的话，所以对方一定会在心里默默地感谢你的善解人意。

相同的道理，也可以同时应用在其他任何情况之下。

“可是，通常我都不煮饭耶。”如果对方这么说的话，你就要回答：

“你喜欢在外面吃饭呀！可以吃到各种不同的美食，很令人开心吧。”

“不过，我平常很少看书呢。”如果对方这么说的话，你就要回答：

“我懂我懂！那种艰深难懂的书，光是想到就让人不禁头痛起来了。”

无论是在谈工作或者是谈恋爱的时候，如果对方愣了一下才生硬地挤出一句话回应你的问题，之后就陷入沉默，导致对话突然中断，你就要马上说：

“我认为你做的事情是很正面的。”

确实地把这句话传达给对方。

当然，没有必要刻意绞尽脑汁讲出悦耳动听的话。

假使你实在是不知道该怎么说才好，

“虽然我不知道该怎么说比较合适，不过我觉得你正在做的事情，其实是相当不错的呢。”

像这样直接地向对方表达认同，也是个很好的方法。

牢牢记住对方选择“逃避”的事情

而且，在对方想要“逃避”的事情里面，很有可能隐藏着对方心中绝对不能踩的地雷。正因为是如此深刻地压抑在内心的事情，对方才会愈对这件事情怀抱着强烈的负面情感。

假使对方愣了一下才生硬地挤出一句话回应你，你就要把这个话题牢牢记住。

另外，有一种方法和本节所介绍的方法很适合互相搭配使用，也就是第六节所介绍的绝招“面具+脸部彩绘”。

当你要追求别人或接待客户的时候，就要在心里想象着，等一下自己即将化身为服务员（也就是酒店的工作者）。借由戴上面具、画上脸部彩绘，扮演符合情境的角色。

只要你开始扮演起角色，即使在谈话的时候，对方不太常回应你的话题——

“因为他否定我这个人，所以他的反应才会那么冷淡。”

你就不会像这样，自己默默地担心烦恼起来。

你也可以做得到的。首先冷静下来，思考分析对方的言行举止。然后再率先主动向对方说出“正面”的话语。

请你务必要试试看这项技巧。

当对方说“没什么好谈的……”“什么事也没做……”的时候，该如何回应？

明明你已经率先主动提出话题，对方的反应却很生硬，甚至导致对话突然中断。

碰到这种情况该怎么办才好？

①沉默不语。	➡	双方的心情都会变得低落消沉。
②马上改变话题。	➡	安全保险的选择。
③更进一步地持续追问。	➡	“拜托你，别再烦我了。”使对方开始焦躁不安。
④开朗地谈起自己的事情。	➡	“我和你不一样！”会带给对方这种印象。
⑤“我认为这么做很好。”肯定对方的行为之后，立刻改变话题。	➡	做得非常好！

任何人内心里面都存在着感到自卑的事情。借由针对这件事情，给予正面的评价，对方就会对你愈来愈有好感！

主动帮忙对方在“高墙”上“开路”

承上所述，这次的主题总结就是：

如果在对方说出负面的话语之后，对话就突然中断的话，无论如何你都要记得针对对方感到负面的事情，主动给予“正面”的评价！

“在高墙上开路”就是绝招！

当对方碰到不想谈的事情，在内心筑起“高墙”选择逃避的时候，你没有必要也脚底抹油急着开溜。

不管是多么简短的一句话都没有关系。你要率先主动帮忙对方，在对方内心的高墙上打通一条正面的“道路”。

仅仅只是借由给予对方一句正面的评价，你体贴入微的心意一定会确实地传达到对方的心里。

推倒高墙的一句话

正是因为内心深处怀抱着沉重的自卑感，人类才会选择逃避，把心灵封闭起来，不愿意面对心中的负面情感。

不过，无论是多么坚固高大的墙壁，也有可能因为一个小小的洞穴，逐渐崩溃倾倒。

就算仅仅只是短短的一句话也好，请把你满怀体贴温柔的心意，化为言语传达给对方。

“听到你这么说，我就安心了。”

“这样不是非常好吗？”

“那件事情，实在是太遗憾了。”

即使对你来说不过是简单的一句话，也有可能成为一道绝无仅有的光芒，驱走对方内心深沉的阴暗。

Lesson 13

如果说了过分的话伤了对方……

那句绝对不能说的话，却不小心脱口而出！

“开什么玩笑，你这个笨蛋！”

责骂部下的时候，和情人争吵的时候，只是因为一点儿小事情，就不小心脱口而出，说出那句绝对不能说、充满杀伤力的一句重话。任何人应该都曾经犯过这种错误。

当你看到对方深受打击的表情，才终于回过神来。

“……”（糟糕了）

那么，当你面临这种情况的时候，究竟要选择说哪一句话，才能够最有效果地安抚对方，缓和对方内心所承受的伤害？

①“哎……其实我自己也笨到无药可救，根本没有资格说别人怎么样啦。我以前捅过的娄子，甚至远比你这次惹出来的事情严重许多呢。”（告诉对方，我和你一样。）

②“真的很对不起！刚刚是我说得太过分了！我不是存心想要伤害你，才故意说出那种话的！”（老实地向对方道歉。）

③“但是，你这个人还是有一些不错的地方啦。像是为人处事很聪明伶俐，工作成果也都很亮眼。”（在其他的事情上面给予赞美。）

④“白痴！混账！幼稚！你简直是差劲到极点！”（继续坏话连篇。不过和那句致命的重话相比，杀伤力显得弱一点儿。）

⑤“刚才说的那些，通通都是开玩笑的啦！只是在骗你的啦！”（拼命想办法顺势带过去，当作没说过那句重话。）

那么，如果是你的话，会选择向对方说哪一句话呢？

你记得住多少个女性的名字呢

在开始进入主题之前，我们先一起来做个心理实验吧。

只是一个非常单纯的实验。

请你不用想得太严肃，放松心情，继续往下读。

首先，请你记住几个女性的名字。

“麻美、明子、小樱、加奈子、凉子、美月。”

你已经记住了吗？

接下来要再加上其他的词语，请你连着第一次记住的女性名字，一起记起来。

“熊猫、狐狸、北极熊、狮子、猩猩。”

到目前为止，你全部都能够记得住吗？

请你试着从头回想看看，前面两次记住的所有词语。

“麻美、明子？”

嗯，很好很好。记得挺清楚的吧？

然后，要再继续加上其他的名字，请你连着前面两次记住的所有词语，一起记起来。

“真纪子、玲子、柑奈、典子、早纪子、美咲。”

如果你已经记好了的话，请你把最后一次记住的女性名字念出来一次看看。

“真纪子、玲子、柑奈、典子……”

到目前为止，还算OK吧？

那么，现在请你试着再次回想起第一次最先记住的女性名字。

“呃……麻……麻……麻纪？还是麻美？接下来是……”

看吧，你应该很明显地无法顺利回想起来才对。

有一种资讯可以消除记忆

就像刚才的心理实验，人类“**只要记住的事情累积得愈来愈多，后来要继续记忆的新资讯，若和先前记住的旧资讯属于相同的种类，先前记住的旧资讯就会变得更加容易遗忘**”。

这件事情也就是代表着，后来加入的新知识压抑了先前记住的旧记忆。这种现象在心理学上就叫作“**倒摄抑制**”（retroactive interference）。

根据这项理论就可以解释，像刚才所举的例子，因为第二次记忆的动物名字，和第一次记住的女性名字属于完全不同的种类，所以新记忆几乎不会对旧记忆造成影响。

只要利用这项心理效应，你应该就能够想到在不小心说出重话的情况之下，究竟该如何应对才好。

种类相同的新资讯能够“覆盖”旧资讯

所谓的“倒摄抑制”就是……

【麻美、明子、小樱=女性的名字】

【熊猫、狐狸、北极熊=动物的名字】

假使你接着记忆新资讯“真纪子、玲子、柑奈=女性的名字”，就算你依然记得“熊猫、狐狸、北极熊=动物的名字”，还是会忘记一开始最先记住的女性名字。

只要给予对方种类相同的新资讯，对方就会更加容易忘记先前接收的旧资讯。

换句话说，正确答案就是“给予对方一项新资讯，新资讯必须和旧资讯的种类相同，就能够缓和对方受到打击的心情”。

首要的最佳选项就是“你和大家一样！”

那么，话题回到本节一开头的问题，我们来逐项讨论每一个选项吧。

首先，来看看选项②。

虽然老实地向对方道歉，确实可以算是表现得很好了，但是你的道歉却依然没有办法改变对方已经遭到打击的记忆。针对这点而言，选项⑤也是一样无法冲淡对方受伤的记忆（不过，选项⑤很明显地只会更加伤害对方，应该不会有人选吧）。

即使在说了重话之后，给予对方“低头道歉”或“蒙混过去”这两种类型的资讯，你在对方内心造成的疙瘩还是会保持原样，继续残留无法消散。

接着，来看看选项③。

如果你是对心理学有某种程度了解的人，几乎大概都会犹豫着要不要选择选项③。因为心理学上有一种理论，叫作“新近效应”。也就是说，“相较于前面说的话，后面说的话会在对方的心里留下更加强烈的印象”。所以你会感到迟疑，在说了重话之后又立刻称赞对方，就能够安抚对方受创的内心吗？

但是，对方现在正因为你脱口而出的一句重话，感到深受打击，所以开始认为“我比别人还要差劲”。

在这种状况之下，即使你向对方说“你在其他的部分比别人优秀”，也没办法安抚对方受伤的内心。

心理学家马斯洛（Maslow）所提出的理论，就能够解释选项③为何无法安抚对方。

根据马斯洛所言，**人类只要是“在社交需求（希望变得和别人一样的需求）没有得到满足的情况之下，就不会想要去追求尊重需求（希望变得比别人优秀的需求）”**

此外，虽然你是为了岔开先前脱口而出的重话，所以才刻意逆转话题“称赞”对方，尝试进行安抚，但是“称赞”与“坏话”属于不同种类的资讯，所以依然无法冲淡对方遭受打击的记忆。

因此，选项③也不是正确答案。

解说进行到这里，已经只剩下两个选项了。那么，最能够有效地安抚对方的究竟是选项①，还是选项④呢？

如果继续坏话连篇……

乍看之下是个坏方法的选项④："白痴！混账！幼稚！你简直是差劲到极点！"其实绝对不是个错误的方法。

借由重复给予相同种类的资讯（目前这种情况就是指坏话），一点一滴地消除一开始让对方深受重击的记忆，也是一种方法。

确实，与其你只骂了一句"大笨蛋"之后，就僵着脸一直保持沉默，还不如你接连不断地破口大骂："笨蛋！白痴！废柴！瞧你那副蠢样！"对方的心情反而还会稍微放松一点儿。

可是，如果真的换作是你的话，你做得到这么狠的事情吗？

只能说这个方法不过是纸上谈兵罢了。

就算使用这个方法确实能够达到效果，不过当你真正面对刚刚才受到重大打击的人，根本无法再向对方说出任何一句恶毒的话。

那么正确答案就呼之欲出了。

这正是一种全新的手法。

就是**"把相同的坏话也用在自己的身上"**。

虽然承受坏话的对象不同，不过因为你说出口的资讯依旧是相同种类的"坏话"，所以可以利用"倒摄抑制"造成的心理效应，冲淡对方遭受打击的记忆。

同时，借由说出“其实我也和你一样”这句话，对方感到“我比大家差劲许多”的自卑心态也可以一并获得治疗缓解。

而且，最重要的是：因为你有心想要弥补自己对对方造成的伤害，所以讲自己的坏话，应该会比讲其他的话更容易说出口。

换句话说，正确答案就是选项①。

“自我贬低的话语”就是绝招！

世界上没有无法弥补的失误

假使当你不小心脱口而出说了重话，狠狠地伤害了对方，在这种情况之下就要马上**“把相同的坏话也用在自己的身上”**！

如果你骂了对方：“笨蛋！”

就要立刻说：**“其实，我也没有聪明到哪里去。”**

如果你骂了对方：“差劲透顶！”

就要立刻说：**“哎，可是我也很糟糕。”**

只要这么做，就能够愈早治愈对方遭受打击的内心。

一旦把话脱口而出，绝对无法收回已经说出口的话。

一旦遭受伤害的心，也无法轻易地消除残留的疙瘩。

正因为如此，所以和别人相处的时候，每个瞬间都不得大意。

如果不小心脱口而出说了重话……

如果你骂了对方："笨蛋！"

我也没有聪明到哪里去！

如果你骂了对方："差劲透顶！"

可是我也很糟糕！

当你想要收回不小心说出口的重话，就要把种类相同的话用在自己身上，冲淡对方心里遭受的打击。

这个道理确实是事实。

不过，即使是多么小心谨慎地和别人相处，总是无法完全避免犯下失误，甚至是连一次都不会伤害到别人。

最重要的事情，并不是“绝不失误”。

而是在犯下失误的时候，你究竟能否付出努力、想尽办法去弥补你在对方身上造成的伤害。

因为，世界上绝对没有无法弥补的失误。

Lesson 14

迟到时的理想说辞

当你迟到的时候，你会采取什么样的补救行动

请问大家，从以前到现在有没有“迟到”过呢？

针对这个问题，我想应该几乎没有任何人能够非常肯定地回答“NO”吧？甚至连我自己在执笔撰写这本书的时候，也差一点儿就赶不上截稿日，演变成“迟到”拖稿的状况。

那么，请问大家，无论是在约会的时候，或者是在工作的时候，当你和重要的对象很早以前就约好要见面，但是你却赶不上预定的时间而“迟到”了，在这种状况之下，你究竟会向对方说什么话呢?

这次，我即将在本节传授大家，万一你面临重要的场合，却偏偏“迟到”无法准时赴约的时候，你到底要采取什么样的补救行动，才能够缓和对方涌上心头的满腔怒火。

以牙还牙，以眼还眼

其实，在美国曾经进行过以下的心理实验，用来研究探讨这个问题。

实验者首先把受试者们以两个人为一组，然后让每一组受试者彼此互相给予对方电流刺激。

如果换作是在日本的话，根本就不可能执行这种带有攻击性的实验。

在进行这项心理实验之前，实验者会事先告诉受试者，电流刺激总共分为“强烈”和“微弱”这两个种类。然后，每一个受试者都可以按照自己的意思，自由选择给予对方哪一种电流刺激。

但是，实际上两个人一组的受试者里面，其中有一个人是实验者布下的“暗桩”。换句话说，“暗桩”和真正的受试者，两者都会互相给予对方电流刺激。

而且，首先由“暗桩”给予真正的受试者电流刺激，接着才由真正的受试者给予“暗桩”电流刺激。

大部分的实验结果就是：当真正的受试者接受“强烈”的电流刺激时，就会一样给予“暗桩”“强烈”的电流刺激；当真正的受试者接受“微弱”的电流刺激时，就会一样给予“暗桩”“微弱”的电流刺激。

读到这个地方，我想大家都可以理解真正的受试者心里在想什么吧。果然，假使对方给予自己强烈的电流刺激，自己应该会禁不住感到火大，想要采取报复行动，因而给予对方相同强烈的电流刺激。也就是以牙还牙，以眼还眼。

不过，接下来的部分才是这项心理实验的重点。

这次，当真正的受试者接受“强烈”的电流刺激时，“暗桩”向真正的受试者说明：“不知道是怎么一回事，机械好像故障了。我明明选择了微弱的电流刺激，却变成强烈的电流刺激。”

没想到，“暗桩”只是事先附加一句简单的说明，真正的受试者给予“暗桩”强烈的电流刺激、采取报复行动的概率竟然减少了。

如果不是故意的话，就可以原谅对方

假使真正的受试者接受了强烈的电流刺激……

“暗桩”向真正的受试者说明：“因为机械故障，所以弄错了，把强烈的电流刺激送过去。”

即使对方蒙受实质上的损害，如果得知你是有理由的，就算对方一开始怀着满腔怒火，情绪也会逐渐趋向缓和。

试着换个立场，思考看看等候者的心理

换句话说，这项心理实验的结果显示：

“即使对方蒙受实质上的损害，如果得知你有万不得已的理由，就算对方一开始怀着满腔怒火，情绪也会逐渐趋向缓和。”

因此，当你迟到晚来，无法赶到现场赴约的时候，即使明明你单纯只是“睡过头，爬不起来”或者是“忘记有这么一回事”，总而言之，最好的补救方法就是：无论如何你也要想出一个其他的理由，向对方说明你为什么会迟到。

“因为公车误点了，所以赶不上时间……”

“在我要出门赴约的时候，突然发生了紧急状况……”

其实，在漫长的等候时间之中，等候者心里最感到恐惧的事情就是：“对方是不是瞧不起我这个人，根本不把我当一回事？”

如果你不率先向对方说明迟到的理由，不管你再怎么低声下气地向对方赔不是，对方心中的不安依然会不断地逐渐扩大。所以，最重要的事情就是，必须由你主动向对方说明迟到的理由，才能够帮忙消除对方心中的不安。

但是，唯独一件事情，请务必要注意。当你在向对方进行说明的时候，绝对不可使用含糊笼统的理由，例如：“因

为我很忙。”

这么一来，对方会认为“虽然你本来就忙着处理许多工作，但是明明我已经事先跟你约好了，你却没有选择优先处理我的事情”。所以，到最后还是会让对方觉得“你瞧不起我，根本不把我当一回事”。

请你务必要牢牢记住这一点。

使用“双重道歉”前后包夹“迟到理由”

而且，当你迟到晚来的时候，最理想的补救方法就是：**使用道歉的话语，前后包夹你迟到的理由。**

前面先向对方道歉一次，立刻就能够缓和当下紧绷的气氛，让对方的满腔怒火稍微消散一点儿，愿意听你说说看迟到的理由。最后，再向对方道歉一次，主要是为了强调你绝对不是因为瞧不起对方，所以才会故意迟到让对方久候。

因此，当你迟到晚来的时候，最理想的补救方法，就是说：

“非常对不起。因为突然发生了紧急状况，所以我才会迟到晚来，让您久候了。我真的由衷地感到相当抱歉。”

像这样子使用双重道歉，前后包夹你迟到的理由。

承上所述，这次的主题总结就是：

如果你迟到晚来、赶不及准时赴约的话，首先要向对方

“道歉”一次，紧接着向对方说明迟到的“理由”，最后一定要记得再向对方“道歉”一次！

“双重道歉前后包夹迟到理由”就是绝招！

只要把这招好好地学起来，万一下次迟到的时候，你就不会惊慌失措了。

谈判专家的做法是……

当然，最理想的做法就是：“不要迟到。”

实际上，**谈判专家一定会提前15分钟，事先抵达约定的地方等候**。

这么一来，即使对方准时现身赴约，也几乎都会下意识地认为“我让对方久候了”。根本都还没有进入谈判，对方却已经觉得欠了谈判专家一份人情。

谈判专家正是利用这种心理效应，使自己一开始就能够压制对方，在谈判中率先居于优势。

如果你即将面临的约会或谈判，对你而言真的非常重要的话，就算是要用上10个闹钟，也请你务必要试试看这个妙招。

即使迟到的理由是编出来的，也要对自己的心情诚实

明明只是睡过头爬不起来，却说：“因为突然发生了紧急

从双方决定赴约会面的当下，谈判就已经开始了

当你迟到来晚的时候，一定要向对方说明迟到的“理由”

1. 缓和对方涌上心头的满腔怒火。
2. 确切地让对方知道：“我绝对不是因为瞧不起你，不把你当作一回事，所以才会故意迟到来晚让你久等。”

谈判专家会提前抵达赴约现场等候。

的状况。”

明明只是忘记有这一回事，却说：“因为公车误点了。”

到底说这种谎话，究竟能不能算是“好事”呢？

我个人并不认为“说谎是100%不可以做的事情”。

话虽如此，我也不打算肯定地说，无论碰到任何情况都可以说谎，完全赞成“说谎是必要之恶”。

最重要的事情，并不是你表面上向对方说出的迟到理由，究竟是“实话”还是“谎话”，而是不要对你自己的心情“说谎”。

假使你迟到赶不上时间赴约，让对方苦苦久候，因此导致对方感到焦躁愤怒、深受打击，但是，只要你有心想要缓和对方的不安的话，碰到这种情形的时候，请你毫不犹豫地使用这项技巧，安抚对方受伤的内心吧。

Lesson 15

讨人喜欢的人懂得接受称赞

当别人称赞你的时候，你面临的3种抉择……

那么，在开始进入主题之前，先请教你一个问题。

假设你现在正在公司工作，你的同事突如其来地称赞你：

“你的工作表现总是相当出色，令人肃然起敬呢。”

碰到这种状况的时候，你到底要怎么样回应同事的称赞才好呢？

①“我才没有你说的那么好啦。”

②“谢谢你！”

③“你的工作表现不是也挺不错吗？”

正确答案不止限于一个。

请把你选出来的最佳答案告诉我。答案不拘泥于单一选项，你也可以按照自己的想法，随意挑出几个选项，自由组合搭配。

称赞者希望你认同他作出的评价

接下来，正确答案即将揭晓了。

首先，从第一个阶段开始说明。

其实，当人类对某人说出称赞的话语时，就代表称赞者期望借由观察对方的反应，来判断自己作出的评价是否正确。

“那件衣服看起来相当帅气有型呢。”

“××你的个性非常温柔体贴。”

“你的工作效率很高，我好佩服你。”

当别人这样称赞你的时候，你可以先谦虚地回应称赞者一句“我才没有你说的那么好啦”也没有关系。

但是，如果你说完这一句话，就立刻结束了这个话题，称赞者心中会禁不住想着：**“难道你是在告诉我，我对你的评价其实是错误的吗？”**

由于你否定了称赞者对你的赞美，导致称赞者开始怀疑自己作出的评价是错误的。同时，因为你没有接受称赞者的满怀好意，所以称赞者会感到非常失望。

你的自谦反而深深打击了称赞者的内心，因此称赞者从今以后就再也不会想要称赞你了。甚至，你们彼此之间的人际关系会逐渐变得尴尬。

如果称赞者送你礼物的话，你就要记得向称赞者说声“谢谢”

因此，即使你先谦虚地回应称赞者一句“我才没有你说的那么好啦”也没有关系。不过，之后你一定要记得再补上一句话：

“不过，还是谢谢你。”

“但是听到你这么说，我觉得很开心。谢谢你。”

最重要的事情就是，当别人称赞你的时候，你至少要回应对方的称赞，说一句话向对方表示“感谢”。

称赞本身就是由语言构成的礼物，一字一句都蕴藏着称赞者的真挚心意。

假使称赞者送给你一份如此诚心诚意的礼物，而你却连一句“谢谢”都没有向对方说，实在是一件非常失礼的事情。

这么一来，这个问题的正确答案就是先说选项①，接着再说选项②吗？

其实，这还不是最后的正确答案。

如果称赞者没有收到回礼，会觉得很寂寞

当人们想要衡量自己的评价时，一定是借由“和自己身边的人互相比较”，才能够明白自己的定位是在什么样的位置。

请你想想看，如果你的上司一直顾着称赞跟你隶属于同一个部门的同事们，却偏偏唯独你一个人完全得不到上司的青睐，从来没有听过一句称赞，你是不是会觉得心里相当不舒服呢？

你之所以会感到很不是滋味，正是因为你把自己和同事们拿来互相比较，却察觉到自己的地位比同事们还要更低的缘故。

这项道理，也同样可以适用在称赞别人的时候。

其实，当称赞者在夸奖别人的时候，正是代表称赞者本人：

“在称赞别人的同时，也感到自己低人一等。”

换句话说，即使被你称赞的人回应说“我觉得很开心，谢谢”，就立刻结束了这个话题，你依然会在下意识之间感到低人一等。

具体地举例来说，假设你送给某人一份生日礼物。

就算你嘴上向寿星说：“生日快乐！这份礼物只是一点儿小小的心意，不用特别费心回礼啦。”不过，如果后来轮到你过生日的时候，对方却没有做出任何表示，你心里还是会觉得有些落寞吧。

即使是在称赞别人的情况之下，也是相同的道理。

就算称赞者完全不期望对方也一样称赞回来，但是如果对方在接受称赞之后，只是道谢就结束话题，也没有反过来对称赞者做出任何表示，称赞者多多少少会感到落寞。

例如，就像你跟别人说：“××你这个人穿衣服很有品位呢。”对方却只是用一句简单的话随便带过：“真的吗？谢谢称赞啦。”然后什么话也没有对你说，就草草结束了这个话题，你是不是会觉得，对方好像在说你穿衣服的品位很糟糕呢？

无论是任何人，只要当自己率先主动向别人展示出好意的时候，都会希望对方能够拿出等量的好意，回应给自己。

“谢谢”＋“你也是”

因此，当别人称赞你的时候，要记得先向对方表示感谢，之后一定要再加上一句话：

“不过，你在××这件事情上也很优秀哦。”

最重要的事情，就是要像这样称赞回去。

换句话说，最理想的正确答案就是“①→②→③”，依序按照这3个步骤，回应称赞者的好意。

当然，没有必要过度拘泥死板，非得完美重现这3个步骤。

唯独一件最重要的事情，请你绝对不要忘记：要向对方说“谢谢”和“你也是”。

彼此互相称赞，造成良性循环

承上所述，这次的主题总结就是：

当别人称赞你的时候，你要尽可能坦率地认同肯定称赞者对你的评价，明确地感谢称赞者的好意，对他说一声“谢谢”。然后务必要再记得加上一句话“你也很××喔”称赞回去！

“加倍回礼的微笑”就是绝招！

既然对方率先主动用称赞向你展示出好意，你也一定要加倍回应对方的好意。

这么一来，对方自然以后也会想要继续称赞你，同时对方应该会对你愈来愈有好感。

懂得接受称赞的人，回馈称赞者的方式

称赞者在下意识之间，感到自己低人一等。

收到礼物就要记得回馈，基于相同的道理，如果别人称赞你，你也要记得称赞回去。

称赞者其实是想要试着称赞自己

人类会把自己的心情投射在对方的身上。

称赞者之所以率先采取行动，主动称赞别人，其实最终的目的就是想要“试着称赞自己”。

当你察觉到别人怀抱着这种心情的时候，绝对要记得回应对方的心情，好好地把话说出来，将你的心意具体地传达给对方。

彼此互相称赞，一来一往地送礼回礼。最后，这份充满好意的礼物一定会慢慢地加倍增量，再次回馈到你的身上。

Lesson 16

坏话因使用方式而不同

坏话的优点和缺点

“公司里面大家四处都在传，你有没有听说过？上野代理副课长[1]，私底下好像玩得很疯哦。”

“那件事情到底是真的还是假的？！不过，同一个部

[1] 相当于我国企业的部门主管，属于中层管理干部。

门里面有个叫作秋叶原的人，其实他也做过不少相当恶劣的事情。”

“对了对了，说到这件事情的话，御徒町那个人也……”

如果一群人聚在一起聊天的话，绝对会谈得很热络的话题，就是“坏话”。

这次我即将在本节，传授一种好用的心理技巧给大家：利用说坏话，探究对方的内心。

主题就是：“坏话、犯罪和魔女的樱唇！”

请抱着轻松愉快的心情，慢慢地往下读吧。

为什么受害者反而在网络上遭受围剿

全世界各地随时都在发生凶恶犯罪事件。

假设，现在发生了一件悲惨的事件：“有一名家庭主妇走在路上，却被突然现身的男人们团团围住，杀害致死。”

然后，警方迅速地逮捕了那些犯下罪行的男人们。

警方向男人们讯问犯罪动机，他们说：“没什么特别的理由，只是因为觉得很烦，所以随便找个人杀了。”

受害者不过是刚好经过那个地方而已，却惨遭随机杀害。也只能无奈地说，那位家庭主妇的运气，实在是差到了极点。

看到新闻上播报了这件凶恶的事件，全国的人民都为之哗然。

愤怒的社会大众不晓得究竟是从什么地方查到加害者家里的电话，纷纷打电话过去破口大骂。

“杀人凶手！”

“恶魔！”

当然，打电话过去怒骂加害者的家属，绝对不是正确的行为。

但是，也不是没有办法理解，那些人到底是怀抱着什么样的心情，才打电话过去骂人。

不过，其实诸如此类的恶意中伤，不光仅仅是针对加害者，甚至还会施加在“受害者”身上：

“她八成是有什么地方让他们看不爽，才会被盯上吧？”

“还不都怪她自己不小心一点儿。”

“想必她平常就老是在做坏事，所以遭天谴了！”

上述这种宛如鞭尸的恶毒评论，简直是漫天横飞多到数不清。

实际上，当凶恶犯罪事件发生之后，大量出现在网络上的恶意中伤评论之中，居然有不少坏话是冲着受害者而来。

这种现象究竟是怎么一回事呢？

人们抱持着一种信念：世界上不可能有不公平存在

其实，人们在不知不觉之间，心里普遍地认同“**世界是公平的信念**”。

这种想法，简单地换句话来说，就是“**这个世界应该是平等公正地对待所有人类**”。

如果要再更进一步把话讲得更白，这种思想就是主张：“我反对世界上所有不公平的事情！”

举例来说，在上述的例子之中，从新闻上看到凶恶犯罪事件的人，心里面第一个浮现的想法是：

“明明只是一个随处可见的普通家庭主妇，生平也没有犯过什么大罪大恶，竟然就这样无辜地惨遭随机杀害。”

大部分的人都会有这种想法，所以产生了强烈的恐惧感。

“这么一来，就算是再怎么谨慎小心地过日子，或许某一天连我自己也会无缘无故碰上这种事情被杀掉。”

这样的世界，当然会令人感到“不公平”。

因此，人类就转变了自己的想法。

“说不定……受害者八成是做错了什么事情……”

“肯定是有什么原因，这种不幸的事件才会找上她。”

所以，人们才会把矛头指向受害者，擅自想象各种理由施加恶意中伤，借由这种方法来加强自己的信念。换句话说，人们必须这么做才能够安心地继续相信，自己身处的这个世界是“公平的”。

这就是“世界是公平的”信念。

虽然这个信念从字面上看起来好像很帅气洒脱的样子，但是实际上这句话显现了人类相当恐怖骇人的心理状态。

明星的丑闻，令人感到安心

当然，类似的现象也能在其他许多不同的情况里面看到。

具体地举例来说，体育报纸或女性周刊上面，常常会刊登跟名人有关的周边报道。

“××居然逃税漏税！”

“××又犯老毛病偷窥？！”

“××令众人愕然地夜夜笙歌！”

这种类似的负面事件，通常在记者挖出消息的当下，立刻就会迅速地被大肆报道，四处扩散。

请你试着回想看看。例如，电车里悬挂的广告上面，如果写着类似的负面事件，虽然你瞥了一眼之后默默地想着“简直是无聊透顶”，但是依旧会禁不住继续看下去吧？而且，等你看完整篇负面事件之后，是不是甚至反而让你觉得稍微松了一口气呢？

其实，这正是代表你心里也怀抱着“世界是公平的信念”。

人们普遍认为“这个世界应该是平等公正地对待所有人”

所谓的“世界是公平的”信念就是……

“普通的家庭主妇竟然会平白无故遭受犯罪事件的侵袭，这个世界真是不公平。”

↓

“她八成是有什么地方让他们看不爽，才会被盯上吧。”

“不过是拥有一点点的才能就可以变成富豪，这个世界真不公平。”

↓

如果曝出名人的丑闻，反而会使一般的社会大众感到安心。

因为人们普遍认为“这个世界应该是平等公正地对待所有人”，所以一旦发生了任何不公平的事情，就会有意识地认为“一定是有什么原因才会遭遇不幸”。

对一般的社会大众而言，明星、艺人、富豪，这些名人是一种令人感到“不公平”的存在。

自己明明连日挑灯赶工、拼死拼活卖命赚钱，付出这么多的努力，却只能够过这种平凡普通的生活。

但是，那些名人不过是靠着一点点的“才能”（关于这件事情，最后会再详加解释），就能获得难以计量的荣华富贵。

因为人们内心对于比自己更加优越的人，萌生这种不公平的感觉，所以人们才会在听到名人遭遇“不幸”或犯下“罪行”的新闻，反而不禁感到安心，独自默默地想着：

“啊，这个世界果然还是公平的。”

反过来说，假使是自己碰上车祸事故、疾病缠身，遭受诸如此类的不幸时，几乎大部分的人第一句话都会说：“为什么这种不幸的事情，就是不去降临在别人身上，非得偏偏一直冲着我来？”

只是把遭遇不幸的对象换成自己，就不会选择恶意中伤，反而认为自己是无辜受罪。虽然立场一对调，心态也跟着逆转，但是这种怨天尤人的举动，也是一样把感到“不公平”的心情大声地呐喊出来。

针对幸福的人说坏话

那么，假设有个名人，无论你再怎么挖怎么翻，也曝不出什么了不起的负面新闻，在碰到这种情况的时候，究竟一般人会采取什么行动呢?

正确答案就是说他的“坏话”。

即使不过是个小小的失误，或者是有一点点不好的部分。

一旦嗅到任何的负面消息，无论实际上只是多么微不足道的小事情，就赶快抓住机会拼命找别人的毛病，鸡蛋里挑骨头，想尽办法非得说上一句坏话不可。

“只有那个人有这么得天独厚的优点，这个世界真是不公平。”

“我的生活明明如此艰困痛苦，那个人却一直过得很幸福快乐，简直让人完全不能接受。”

人类就是因为心里感到自己比别人更加低劣，所以才会**借由反复说别人的坏话，试着弥补别人和自己之间不公平的差距。**

广受羡慕的人才会被别人说坏话

按照这个道理推论下来，“被别人说坏话”的情况愈常发生，正是代表承受坏话的人愈是让别人感受到强烈的不公平。

就结论而言，也就是说承受坏话的人其实“很令人羡慕”，“众人认同他有优于常人的部分”。

事实上，几乎大部分“广受众人欢迎的明星”，也常常登上“令人讨厌嫌恶的明星”前十名。

换句话说，“只要别人在说你的坏话，就代表你对别人而言，具有值得称羡的优越部分”。

如果刚好别人在说你的坏话，大家可以试着换个想法，原来别人是因为羡慕你所以才会故意说你的坏话，或许你的心里也会觉得放松一点儿。

顺带一提，我把自己写的日记公开在网络上给大家看，不知道是不是因为我字里行间描写的日常生活，看起来实在是太过于悲惨不幸，反而经常收到网友的来信，替我加油打气。网友之所以会写信给我，在某种意义上也是基于“世界是公平的信念”吧。

“只要你愿意拼命努力、坚持苦撑下去的话，将来一定有什么好事会降临。一定会吧……”

“虽然状况非常艰困严苛，请千万不要低头认输。幸福绝对在前方等着你。大概是吧……”

信上常常出现“一定”跟“大概”。

我一边看着网友满怀诚心诚意地来信鼓励，同时再次细细咀嚼自己人生中的辛酸苦楚。

“坏话”和“疾病”是人人都感兴趣的话题

谈到这里，我们再把话题拉回主题。无论任何人都会禁不住想要说上几句别人的“坏话”。

所以，假设眼前有个很难亲近的人，而你想要迅速缩短彼此间的距离，试着和他一起说别人的“坏话”会是一个很有效的方法。

其实，关于“坏话”或是“疾病”的话题，对人而言具有难以抗拒的吸引力。只要一听到有人在谈论这种话题，就会禁不住想要凑过去聊上几句。

原因正是因为，不管再怎么健康的人，总是会有身体不舒服的时候。无论任何人都有过类似的体验，所以很容易聊得起来。

“我觉得最近肚子不太舒服。”

“咦？其实，我也是一天到晚都在头痛。”

“真的吗？！”

“嗯，不知道是不是因为压力太大了。”

“对了对了，说到压力这件事情，上野代理副课长那个人，看起来好像一点儿烦恼都没有呢。”

“就是说啊！不久之前上野代理副课长他又……”

就像这样，只要一谈到这两种话题，就会热络地聊开来了。

话虽如此，坏话也不能说过头……

如上述所言，说坏话是一种相当有效的心理技巧。

尤其是当你在说别人坏话的时候，你的心里就会感到非常爽快。而且，因为大部分的人都会对这个话题十分感兴趣，所以跟你愈聊愈起劲，简直可以说是一石二鸟的绝佳妙计。

不过，如果坏话说过头的话，也会造成问题。

有心理学家为了研究这个问题，因而进行下述的心理实验。

心理学家牧野幸志通过这项实验，调查发话者分别使用“攻击性的幽默”和“游戏般的幽默”展开话题的时候，这两种截然不同的方式究竟会对发话者的说服力造成什么样的影响（1999）。

攻击性的幽默，举例来说就像是：

“别人问美国总统布什：‘白宫是个怎么样的地方？’他竟然回答：‘就是白色的而已呀。’想必他的脑袋一定跟白宫一样白茫茫！”

“哇，说了跟没说一样！白宫里面住了个白痴！”

上述这种是基于坏话或讽刺产生的幽默。

游戏般的幽默，举例来说就像是：

“你就用这个吃点美味的东西吧。”

“不对呀，师父，你只拿一双免洗筷给我，其他什么东西也没有，是要叫我吃空气吗！”

上述这种是基于单纯的文字游戏、脑筋急转弯产生的幽默。

至于，实验结果就是？

只要“游戏般的幽默”使用得愈频繁，听者就会觉得发话者愈有说服力，而且在听者的眼里看来，发话者显得愈来愈有魅力；相反，“攻击性的幽默”只要使用得愈频繁，发话者言

谈中的说服力和发话者本身的魅力都会逐渐降低。

请你试着回想看看。市面上有些体育报或周刊杂志，经常密集地刊登名人的坏话或八卦。虽然这些刊物的销售量和获利确实非常可观，肯特地掏钱买来看的人应该为数不少，但是却几乎没有什么人“喜欢”这种类型的刊物。

而且，即使有任何重要的报道刊登在这种刊物上，“搞什么鬼，又是××杂志曝的料哦。”

就像这样，愿意相信这种刊物的人，想必是寥寥无几。

所以，无论说坏话能够多么有效地促使谈话更加热络，也不可以开口闭口坏话连篇。在一次的对话里面，坏话顶多说个一到两次左右就差不多了。

恶魔只要有一张樱桃小嘴，就足以迷倒众生

承上所述，这次的主题总结就是：

如果你想要迅速地缩短彼此之间的距离，只要一起谈论关于“坏话”（或疾病）的话题，就是最快的捷径！

但是反过来说，即使说坏话能够多么有效地促使谈话更加热络，也必须注意不可以老是说别人的坏话！

在一次的对话里面，坏话顶多说个一到两次就可以了。

这正是绝招：**“魔女的樱唇”！**

魔女吐露话语的娇滴樱唇，正是因为外形小巧玲珑，才能够蕴涵媚惑众人的神奇威力。

什么话题可以迅速地接近彼此之间的距离

只要一起谈论关于“坏话”或“疾病”的话题就可以迅速地缩短彼此之间的距离。

但是，如果一开口老是在说别人的坏话，反而会降低你个人的信誉，请你务必注意。

其实，那个人也是……

但是，请你试着思考看看。

无论是多么闻名遐迩的名人或富豪，肯定不仅仅光是靠着“才能”，就能够爬到他现在身处的高位。

每个人都像自认平凡普通的你一样，怀抱着许许多多的痛苦和烦恼，不断持续地奋力战胜这些困难，才能够获得当今的地位。

绝对没有任何一个人，是活在“不公平的世界”里面。

如果你只是把说坏话当作一帖清凉剂，用来纾解心中的烦闷情绪，当然不是什么坏事。

不过，请你务必留意，不要老是顾着说别人的坏话，却在不知不觉之间一点儿也没有察觉到，甚至连你的心都逐渐染成一片深不见底的黑暗。

Lesson 17

看起来舒服的短信，令人困扰的短信

为什么对方没有回短信给你

如今，手机短信已经成为一种非常重要的联络方式。有些人特别喜欢传短信，反而不选择直接打电话。

可是，实际上却没有什么人能够充分运用短信，顺畅地进行交谈，和对方互相回传短信。

“我明明传那么多封短信给他，可是他连一封短信都不回我。”

“我已经把自己的心情通通写在短信上传过去了，却杳无音信。”

在你传短信的时候，是不是经常碰上这种情况，令你烦恼不已，但是又不知道该如何回应呢?

这次，我们即将在本节一起学习最强的心理技巧，让你轻轻松松成为手机短信达人。

好短信具备的3种法则

其实，既然每个人都曾经使用短信和别人进行交谈，或许你已经隐隐约约地察觉到问题究竟是出在什么地方了。手机短信可以分为两大类别，也就是“坏短信”和“好短信”。

好短信具备的特征共有3点：

“内文不会又臭又长。”

“不会使用强制性的说法。”

“一封短信里面只提出一个问题。”

就是上述这3种法则。

那么，我们一起慢慢逐项讨论，进行说明。

内文过长会造成沉重的负担

在开始进入说明之前，请你先读完下述这封短信：

“喂，你听我说！听我说嘛！昨天呀，发生了一件事情，搞得我超火大！我们店里的店长，他竟然没有把我赚的点台费全部交给我！我气得要死，马上杀过去找他算账，结果他说因为我工作犯错，那些少付的钱是罚金！”

“你不觉得店长这样搞我，超过分的吗？说到火大的事情，今天我要出门的时候，突然有一只猫冲出来撞到我的身上……”

像这种内文又臭又长的短信，就是坏短信。

毕竟内文愈长，读起来愈容易累。

光是内文过长就已经造成对方的负担了，如果你再要求对方回复你的短信，对方的负担就更加沉重了。因为一般来说，对方必须在回信里面针对所有的话题做出回应。

假设对方只是简单地回传了一句话，回复上述那封短信：

“那还真是辛苦你啦。”

无论从任何角度来看，这么敷衍的回复实在是太说不过去了。

照这个道理去想的话，对方果然还是非得依序回应每一个话题不可。所以，对方要回传给你的短信，自然也跟着变得又臭又长。

这么一来，对方会觉得很麻烦，就不想回复你的短信了。

而且，即使对方愿意回复你这封又臭又长的短信，可想而知，对方回传的短信也不会像你一样把内文拖得又臭又长。

如果你传长短信，对方回短短信，这种情况一再重复的话，对方心里会逐渐认为**“双方之间短信内文的长度差距”，感觉就像是“好意的差距”**。

“我明明都只是回传一封短短的短信，看起来很缺乏好意。可是他内文总是打得那么长，每次都对我表示很浓厚的好意。”

这么一来，因为对方无法拿出等量的好意回应你，所以你充满好意的短信，却适得其反，变成沉重的负担，压在对方的心上。

因此，短信内文最适当的长度，顶多大概刚好塞满手机画面、不需要翻页，也就是50到60个字左右就可以了。

与其一次打一封长达300个字的短信，倒不如把短信拆成三封传出，每一封短信都只有50个字左右，这种做法带给别人的印象反而更好。

另外，似乎有不少人，习惯把所有心里想说出来的事情，一次全部打进一封短信里面。这个做法也不太好。

因为，一般而言，“已经完成的事情”和“已经结束的事情”，很难引起人的兴趣，不会使人想要继续看下去。

这种现象在心理学上就叫作**“蔡氏效应”**（Zeigarnik

Effect）。

所以，最好的做法就是告诉对方："如果想知道后续发展的话，敬请期待下次的短信！"故意把话说到一半，不要一次就把话全部说完。

"今天我碰上一件很令人开心的好事。啊，话说回来，昨天非常谢谢你。下次我们再约出来见面哦。"

像这种说法大概就可以了。

但是，这种吊人胃口的心理技巧，万一使用得太频繁的话也会造成问题。所以，当你使用这项心理技巧的时候，请务必记得不要做得太过头了。

强制性的说法等于是在告诉对方："拒绝我吧！"

接下来要继续说明的失误相当常见，可以说无论任何人都曾经犯下类似的失误。在手机短信中使用"强制性的说法"，其实是一件非常不好的事情。

"下次请务必和我见面。"

"要不要一起去吃顿饭？"

"我希望你陪我出去玩。你说怎么样？"

无论再如何改变说法，结论就是上述的说辞全部都在强制对方"跟我见面"。

尤其人类特别讨厌在无法实际面对面、亲眼看到对方的脸时，接受对方提出的邀约。

因为，看不到对方的表情，就无从判断对方的心意到底是不是认真的。

其实，早已有心理学家进行实验探讨这个问题。结果显示，只要你从愈远的地方向对方表白重要的事情，对方对你的好感就会愈来愈低。

而且，如果对方本来就想要拒绝你的话，愈是看不到你的脸，拒绝的说辞愈是容易说出口。

所以，当你用手机短信向对方提出“请求”的时候，就等于是在告诉对方“请你拒绝我吧”。

假使你无论如何都想利用短信进行邀约的话，

“下次我们一起出去玩吧。”

“如果可以邀你去喝一杯的话，我会觉得很开心。”

短信内容要像这样感觉轻松一点，然后先观察对方收到短信以后的反应，再根据后续状况拟定对策。

不管怎么说，如果你一开始打算光凭着一封短信就迅速打发、决定胜负，你对对方未免也太失礼了吧！

手机短信只是一种交流方式，能够拉近双方的距离，促使彼此变得更加亲近。

然而，当你想要提出重要的邀约时，还是尽量使用电话跟对方直接对谈比较好。

一封短信里面最好只提出一个问题

说明进行到最后，要提醒大家一项重点：绝对不要在一封短信里面，一次塞进太多问题传给对方。

具体地举例来说，就像下述这种短信。

“你今天做了什么事情？我因为得了花粉症的关系，实在有够痛苦。你好像没有得花粉症吧？如果你得了花粉症，那就很难受啦。说到难受的事情，你现在有没有什么烦恼？”

光是在这一封短信里面，就已经塞进了3个问题。

向对方提出问题，终究还是属于一种强制性的做法。也就是说，你在要求对方“回答我提出的问题”。

因此，万一你在一封短信里面提出了太多的问题，对方自然会觉得要回复你的短信很麻烦。

不过，若是你采取完全相反的做法，当你在传短信给对方的时候，“完全不向对方提出问题”，其实也不是很好。

“今天我整天都一直窝在研究室里面，想要出去也没办法出去。感觉心情愈来愈忧郁了。”

如果你会传这种短信给别人，就要请你多加注意了。

假使用实际上的对话来比喻的话，你传给对方的短信就等于是“你特地跑到对方的面前一个人自言自语，然后把话说完就自己跑掉了”。

你传这种自说自话的短信给对方，从对方的观点来看就是，你特地跑到对方的面前把话说完就跑，然后对方就这样莫名其妙地被你丢下了。

因此，请你记得传短信的目的是要促使两个人互相对话。所以，在一封短信里面，至少要尽量向对方提出一个问题。

话虽如此，假使你在短信中提出的问题是：

“你对人生有什么看法？”

像这种不是一言两语就能回复的深奥问题，或是：“你最近过得怎么样？我等你的回复哦。”

像这样，在短信里面使用强制性的说法，其实都不是很好。

只要在短信的最后，或者是最后一句话的前几句话，向对方提出一个轻松的问题就可以了。

“今天我在公司简直忙翻天了。你那边的情况怎么样？希望明天的天气很温暖。”

大概像这样，轻松不带负担的感觉刚好。

只要看得到脸，就会觉得很亲近

关于好短信的三大法则，谈到这里已经全部都说明完毕了。

收不到回复的短信，事出有因

这种短信收不到回复

①内文又臭又长。

②在短信里面塞进太多的话题。

③使用强制性的说法，例如："希望你跟我见面。"

④在短信里面提出太多的问题。

⑤或是反而完全不提出问题，一个人自言自语。

↓

能够带给别人好印象的短信技巧

①1封短信里面大约只有50到60个字，不要太啰里啰唆。

②不要使用强制性的说法。

③不要在短信里面提出太多的问题。但是，至少要提出1个轻松的问题。

④使用表情符号，增加亲近感。

⑤大量使用具有正面意义的措辞。

然后，我还要再介绍几个有用的小技巧给大家。

请你怀着轻松的心情，顺便看一下吧。

①使用表情符号

相较于看不到对方的脸，当人类在看得到对方的脸时，会认为自己和对方之间的关系更加亲近。

因此，在短信里面使用“表情符号”，多少可以把你当下的表情传达给对方知道，所以能够有效地拉近双方的距离。

不过，话虽如此……

等等！（ ._. ）—C <— _ -）

你也没有必要使用上述这么难懂的表情符号。

假使你是用手机打短信的话，只要利用手机里面原有的表情符号就足够了。

当然，如果你在短信里面塞进一大堆表情符号，也不是一个好做法。所以，在一封短信里面，大概使用一个表情符号就可以了。

②大量使用具有正面意义的措辞

人类如果不断持续阅读充满负面意义的文字，在不知不觉之间，心情也会跟着逐渐消沉下去。

“总觉得我最近累积太多压力了。”

“我老是一直挨骂，让我心里好烦。”

在双方实际面对面的时候，这些牢骚可以很轻松地透过语言说出口。不过，如果你把相同的牢骚换成短信，化为文字传给对方的话，却会把你的负面情绪传染给对方。

写短信要尽量使用具有正面意义的措辞。

这么一来，你的短信看起来就显得轻松不带负担。对方应该也会慢慢地开始觉得收到你的短信很愉快。

质量小巧、力道柔和的球，容易回击

承上所述，这次的主题总结就是：

当你想要传短信给对方的时候，千万要记得“**内文要短（小巧）**”“**不要使用强制性说法，遣词用字柔和一点**”“**一封短信里面只提出一个问题**”！

“**垒球短信**”**就是绝招！**

当你想要传短信给对方的时候，诀窍就是出招时必须要兼顾“质量小巧”“力道柔和”，而且每次只向对方投出“一颗球”。

你必须率先投出好打的球，让对方可以轻松回击，对方自然会比较愿意回复你的短信。

快速球也得分成多次来投

就算你使尽全力向对方投出快速球，也不见得能够确实地把你的心情传达给对方。

为了把你的心情传达给对方，请将你化为文字的满怀心意，分成很多封小巧的短信，温柔地投给对方。

虽然你的心意是分成很多次逐渐传达给对方，但是并不代表这么做会导致你的心意也跟着四分五裂。

Lesson 18

化身为“神准的占卜师”

仅仅只要一句话就能够了解对方的心

在开始进入主题之前，我要先请教大家一个问题。

假设你现在人在公司里面，而且你对其中一位女同事怀有好感，但是，她最近看起来似乎有点疲倦。

即使大家正在认真地进行会议，她却一脸昏昏欲睡，呵欠连连，要不然就是开始做起伸展操，试着赶跑睡虫。

她说："不好意思，我最近过得不太顺。"

那么，在这种情况之下，你会对她说什么话呢？

①"你有没有好好地睡觉呀？"

②"你不要紧吧？打起精神来！"

或者是……

如果你想到了其他的答案，也没有关系。

换作是你的话，你会对疲倦的她说什么话呢？

其实，只要你懂得利用心理效应，简单地说出"某句话"，就能够迅速地了解对方的心。

究竟是运用了什么样的心理技巧，才能够达到这般神奇的效果呢？！

人类会对"可以了解自己的人"心怀敬意

在《史记》的《刺客列传》之中，有这么一句话：

"士为知己者死。"

一般来说，人类会对可以了解自己的人，无条件地表现出感谢和敬意。举例来说，当男女朋友在吵架的时候，几乎大部分的人都会发这种牢骚："那个人一点也不了解我的心情。"

换句话说，**只要你能够使用任何方式，向对方表现出"我**

可以了解你怀抱着怎么样的想法”“我十分明白你怀抱着怎么样的心情”，你几乎就等于是已经了解对方的心了。

话说回来，前面所谈的“了解”，究竟是指了解对方的什么事情，了解的程度又得多深入才可以呢？

“知道对方家里有几个人？”“完全彻底了解对方心里每一个复杂的思绪？”

不对，不对。

根本没有必要做到这种地步。

其实，有一种很简单的方法，能够轻松地做到“即使你根本完全不了解对方的任何事情，却可以让对方觉得你很了解他”。

到底要怎么做，才有办法完成这项看似不可能的任务呢？

只要说一句话，就能够让对方禁不住脱口而出：“咦，你为什么会知道？！”

当人们想要“虚张声势，假装自己非常了解对方”的时候，常常会使用这一套说法。你一定也曾经听过这句话，就是：

“最近你碰上了什么不顺利的事情，对吧？”

一旦听到别人对自己说这句话，应该几乎大部分的人都会惊讶地想：“咦，竟然被说中了。”

不过，其实世界上再也没有任何一句话，比这句话还要更

“含糊不清”又“理所当然”了。

工作的时候不小心犯下失误，因为赶不上时间所以稍微迟到了一点……

我有100%的把握可以肯定地说，绝对没有任何一个人，连一件不顺利的事情都完全想不出来。

“水难之相”其实包含各种状况

另外，你也会常常听到下述这种类似的说法。

“你最近很快就会碰上跟水有关的灾难。”

其实光是这么一句话，就可以作出许多不同版本的解释：

“被水泼到。”

“打翻果汁。”

“在洗澡的时候不小心着凉，所以感冒了。”

甚至还可以更进一步地扩大联想成：

“追求在酒店[1]工作的女士可是进展却不顺利。”

“酒店经纪对你死缠烂打，想挖你进酒店工作。”诸如此类的事情。

话说回来，打从一开始使用“最近很快”这种说法，就已经没有明确地指出事情究竟会在什么时候发生了。换句话说，

[1] “酒店”日文是“水商売”，从字面上直译是“卖水生意”。所以这里才会从“水”联想到“酒店”。

这一套说法等于是一种预言，而且“有99%的概率，你会联想得到相关的事情”。

即使这种占卜只是单纯地陈述“含糊不清”又“理所当然”的事情，通常一般人听到别人对自己说这种话，而且又刚好联想得到相关的事情，就会禁不住觉得很感动，在心里面想着：“啊！说得够准！这个人果然不是泛泛之辈……”

所以，就会自然而然地常常跑去给占卜师看一下。

从上述的现象，你就可以看得出来：**当人类在听到别人向自己说一些含糊不清的事情时，就会下意识地自己对号入座，擅自做出各种联想去解释别人说的话，导致别人说的话刚好符合自己的状况。**

这种现象在心理学上就称为“巴纳姆效应（Barnum Effect）”，取名自美国马戏团经纪人P.T. Barnum。

因此，只要你懂得善加利用这项心理效应，就能够编织出一套所向无敌的追求技巧。

是不是发生了什么好事呀

我就直截了当地说了，每次当你碰到任何人的时候，你只要说出：

“啊，是不是发生了什么好事呀？”

或者是：

“你看起来好像有点烦恼呢。”

诸如此类的话就可以了。

你仅仅只要向对方说这么一句简单的话，对方就会下意识地自己在脑海中搜寻资讯，主动找出相关的事情，解释你说出来的话。

“好事是指今天上的妆很服帖吗？”

“是在说今天早上刚好赶上电车吗？”

“烦恼难道是指我跟男朋友相处得不太好吗？”

“该不会是在说我最近的烦恼，老是爬不起来一直赖床吗？”

然后，结果自然会导致对方在心里面这么想着：

“真厉害。别人都看不出来，只有这个人了解我……”

如此一来，对方就会开始逐渐对你心怀敬意了。

至于类似“你会不会有烦恼啊”“你最近过得怎么样”，这种单纯的“提问”所获得的效果，绝对无法和神准占卜相提并论。

仅仅不过是把说法稍微做一点点的改变，你说出来的话就能够跟着大幅影响对方的心情。

请你务必牢牢记住这点。

而且，还有另外一种说法，甚至比上述的说法具备更加强烈的效果。

你也可以做到“绝对神准的占卜”

“最近，你碰上了什么不顺利的事情，对吧？”

↓ 时间并不明确

↓ 任何人都联想得到相关的事情

“你最近很快就会碰上跟水有关的灾难。”

↓ 时间含糊不清

↓ 可以作出许多不同版本的解释

能够通用于所有人的说法

这种通用于所有人的占卜，可以引导听者自己对号入座，所以听者很自然地会认为“你的占卜好神奇”。

配合事情发生的时期，肯定地说出病名

那么，请你再翻回去看看本节一开头的问题。

在这种状况之下，即使你出于关心，满怀好意地对疲倦的她说："你有没有好好地睡觉呀？"或者是："你不要紧吧？打起精神来！"你所说的话也完全没有安抚到她的心情。

因此，**在这种时候得再加上一招必杀绝技。最好的做法就是"配合事情发生的时期，肯定地说出病名"**。

假设事情发生在五月的话，就请你对她这么说：

"那是因为五月病的关系。"

五月病……

事实上，目前在全世界所有已知的疾病之中，再也没有任何一种疾病，比五月病还要更加广为人知，同时又比五月病的诊断标准还要更加含糊不清。假使硬要解释五月病究竟是什么样的疾病，大概就是"通常容易发生在五月左右，症状是感到不安、疲劳倦累、心情忧郁"。

至于造成五月病的原因，虽然一般的说法都是：因为你在春天才正开始迎接全新的一年，所以还有满怀期待和充沛的能量。但是等日子一天天地过到五月，那股能量却刚好在这个时期消耗殆尽了。不过，甚至就连这项解释，也完全没有任何明确的根据足以佐证。

但是，只要一听到你这么说，对方心里面就会想着：

“话说回来，现在不就是五月嘛！确实，这个时候本来就很容易觉得疲倦。为什么我一点都没有发现呀！”

你不过是说了一句如此简单的话，对方就会因此而感到安心。

人类的心理结构实在是非常不可思议。**只要给予“毫无来由、不可名状的不安”一个明确清楚的“名称”，在不知不觉之间，忧郁沉闷的心情就能够逐渐获得纾解。**

而且，因为你说出来的病名是“五月病”，对方心里面就会认为“只要五月一过去，状况就会慢慢地好转”，所以这样可以确实地减轻对方的不安和疲倦。

谈到这里，我要再更进一步肯定地说：

由于你让对方觉得“别人都看不出来，只有这个人了解我。真厉害”，因此对方对你的评价应该也会跟着愈来愈高。

当然，我不会说光是靠这么一句简单的话，就能够使两人彼此之间的关系“100%甜甜蜜蜜”。但是，如果你有实践这项心理技巧，对方确实有10%的概率会改变对你的观感。

只要动脑筋想想看，应该就能找出什么“烦恼”或“好事”

承上所述，这次的主题总结就是：

如果你想要了解对方的心情，缓和对方的疲倦和不安，让对方感觉轻松一点的话，就要使用“含糊不清的肯定说法”！

这么一来，就能够顺利地拉近双方的距离。

如果事情发生在五月的话，就是“五月病”！

如果事情发生在一月的话，就是“新年症候群”！

如果事情发生在九月的话，就是“暑假症候群”！

然后，如果事情发生在普通的日子的话，你只要问一句：

“是不是有什么事情，正在烦恼着你呢？”

或者是：“最近是不是发生了什么好事呀？”

向对方这么说就可以了！

你只要轻松地向对方说一句简单的话，对方就会对你愈来愈有好感！

“五月的危机”就是绝招！

无论对方面临的“危机”是“五月的危机”，也就是五月病；甚至是碰上了任何“烦恼”或是“好事”，你要记得使用肯定的说法“粉饰”对方内心的“危机”。

这项技巧也可以同时应用在工作上。

能够一举获得信赖和尊敬、不可思议的一句话

“我最近有点烦恼。”
“那是因为五月病的关系。”

说出通用于任何人的肯定说法

“真厉害。别人都看不出来，只有这个人好了解我。”

心怀敬意

借由你率先主动向对方使用“含糊不清的肯定说法”，就能够让对方感到安心，同时对方也会越来越信赖你。

如果你在生意上互有往来的公司，对方的部长看起来心情很好的话，

不是问他："部长，发生了什么好事呀？"

而是要说："部长，是不是发生了什么好事呀？"

这么一来，对方应该会回答你："哦，你看得出来啊？"

仅仅不过是把说法稍微做一点点的改变，你说出来的话就能够跟着大幅影响对方对你的观感。

真正获得治愈的是……

占卜，人生咨询……

其实，在人类的内心深处隐藏着一种需求，也就是"希望世界上有个人可以了解我"。

因此，就算对方根本完全没有特别的意思，只是随便开口说了一句话，你自己也会擅自在心里认为："啊，这个人好了解我！"

反过来说，这种心理现象也正是代表着，人类的内心总是怀抱着如此深沉浓厚的孤单寂寞。

无论你向对方使用任何一种心理技巧，能够开创出来的不过只是最初的契机，让彼此可以有机会互相交集罢了。

只有你诚挚恳切的关心，才可以真正治愈对方感到孤单寂寞的心灵。

唯独这件事情，请你千万不要忘记了。